水稻联合收割机
新型工作装置设计与试验

陈德俊　戴素江　陈　霓　等著

U0351301

中国农业大学出版社
·北京·

内容简介

本书简述了联合收割机的发明、发展以及早年我国农机工作者对联合收割机技术进步所做的贡献。阐述了新研发的包括全喂入、半喂入、横轴流、纵轴流和微型机等多种水稻联合收割机的新型工作装置设计与试验,内容函盖脱粒分离、清选复脱和行走转向;阐述了"同轴差速脱粒""回转凹板分离""非均布气流清选"和"单 HST 原地转向"等 4 项原创技术的设计理论、台架试验和田间试验,论证了它们对提高水稻联合收割机的工作性能、作业效率、清选质量和机动性能的实际效果。为规范设计和提高效率,开发了水稻联合收割机"脱分选装置参数化设计平台",验证了市售机型的设计参数。

本书可供农业机械科研单位技术人员和大专院校农业机械专业师生以及联合收割机生产厂家技术人员参考。

图书在版编目(CIP)数据

水稻联合收割机新型工作装置设计与试验/陈德俊等著. —北京:中国农业大学出版社,2018.7

ISBN 978-7-5655-2050-1

Ⅰ. ①水… Ⅱ. ①陈… Ⅲ. ①水稻收获机-联合收获机-研究
Ⅳ. ①S225.4

中国版本图书馆 CIP 数据核字(2018)第 155555 号

书　　名	水稻联合收割机新型工作装置设计与试验	
作　　者	陈德俊　戴素江　陈　霓　等著	

策划编辑	康昊婷	责任编辑	韩元凤
封面设计	郑　川		
出版发行	中国农业大学出版社		
社　　址	北京市海淀区圆明园西路 2 号	邮政编码	100193
电　　话	发行部 010-62818525,8625	读者服务部	010-62732336
	编辑部 010-62732617,2618	出　版　部	010-62733440
网　　址	http://www.caupress.cn	E-mail	cbsszs @ cau.edu.cn
经　　销	新华书店		
印　　刷	涿州市星河印刷有限公司		
版　　次	2018 年 11 月第 1 版　　2018 年 11 月第 1 次印刷		
规　　格	787×1 092　　16 开本　　15 印张　　260 千字　　彩插 2		
定　　价	42.00 元		

图书如有质量问题本社发行部负责调换

著者名单

陈德俊　戴素江　陈　霓
刘正怀　熊永森　王志明
傅美贞　王金双　徐锦大

前　言

我国水稻联合收割机研发始于 20 世纪 50 年代。通过多年探索发现：轴流式脱粒滚筒＋栅格式凹板构成的脱粒分离装置最适合水稻脱粒，橡胶履带式行走装置最适合水田作业。于 60 年代后期开发成功的履带自走轴流式全喂入水稻联合收割机，是当今广泛应用的横轴流全喂入水稻联合收割机的雏形。这种适合水稻收获的联合收割机，由于各种原因直到 90 年代中期才被重新认识，再开发后得到快速推广应用。在推广应用过程中，由于各种工作装置逐步完善，使水稻联合收割机整机技术水平不断提高。新型工作装置的开发应用，更促进了水稻联合收割机的技术进步。横轴流水稻联合收割机孕育了纵轴流水稻联合收割机。

金华职业技术学院机电工程学院十多年来承担并完成了多项浙江省科技厅水稻联合收割机攻关项目和国家、省自然科学基金项目。本书主要根据这些项目科研成果提炼集成撰写而成。全书共 10 章，内容涵盖切割、输送、脱粒、清选、行走等诸多方面。其中，为提高水稻联合收割机作业性能而研发的同轴差速脱粒技术、为提高生产效率而研发的回转式栅格凹板技术、为提高清选质量而研发的非均布气流清选技术、为提高机动性能而研发的单液压马达原地转向技术 4 项技术属原创发明。在理论分析的基础上，分别建立了相应的运行方程式。

本书由陈德俊主著，金华职业技术学院"农机技术与装备浙江省工程实验室"收获装备科研团队成员参著。其中第 1 章，第 2 章，第 3 章中 3.8、3.9，第 10 章由陈德俊执笔；第 3 章中 3.1、3.2、3.4、3.5，第 5 章中 5.1，第 7 章，第 8 章由陈霓执笔；第 5 章中 5.2，第 6 章，第 9 章中 9.2 由刘正怀、戴素江执笔；第 4 章中 4.1、4.2 由熊永森执笔；第 9 章中 9.1 由王志明执笔；第 3 章中 3.6，第 5 章中 5.3 由傅美贞执笔；第 3 章中 3.7 由王金双执笔；第 3 章中 3.3 由浙江省农机研究院徐锦大执笔；陈德俊参与所有章节撰写并负责全书统稿。

机电学院郑一平老师为本书提供了珍贵资料，张建荣、倪匀、张正中、朱笑笑等老师为本书制作了多幅插图或协助整理了实验数据，在此一并表示感谢！

本书由金华职业技术学院"机械装备创新设计与精密制造"科研创新基金和国家自然科学基金"水稻联合收割机脱分选系统工作机理及设计方法研究"项目以及浙江省技术应用研究"联合收割机脱分选装置工作性能智能测控技术研究"项目资助出版。

本书侧重应用技术研究，对我国水稻联合收割机产品开发和理论研究有一定参考价值。可供农业机械科研单位技术人员和大专院校农业机械专业师生以及联合收割机生产厂家技术人员参考。

由于水平所限，其中缺点错误在所难免，欢迎批评指正。

陈德俊

2018 年 2 月

水稻联合收割机新型工作装置设计与试验

目　　录

水稻联合收割机新型工作装置设计与试验

第1章 谷物联合收割机
的发明与发展

1.1 谷物联合收割机的发明

为了创制能一次完成谷物切割、脱粒和清选的联合收割机,世界上农作者为之付出了长期、艰辛的努力,经过多年探索终于有所发明。据《世界农业机械发展大事年表》记载,美国人穆尔(Hiram Moore,1801—1875)和黑斯考尔(John Hascal)于1834年制成了可工作的谷物联合收割机,并于1836年获得了专利。1867年,美国马特森地区出现了9.1～12.2 m割幅、用多匹马拉的谷物联合收割机,《世界博览》蒸汽机史话刊登的照片显示了当年的情景(图1-1)。

图1-1 用多匹马作动力的谷物联合收割机

1886年,美国人贝利(Geoge Stockton Berry)研制成世界上第一台自走式谷物联合收割机,采用蒸汽机作动力。

1908年,俄国出版了 Б. П. 郭略契金院士所著的《收割机理论》,这是世界上第一本较为完善的收割机理论书籍。

1911年,美国开始使用以内燃机作动力的谷物联合收割机。

1925年,苏联从美国引进第一批谷物联合收割机。

随着技术的进步,谷物联合收割机由多匹马作动力发展到由蒸汽机作动力(图1-2),再到内燃机作动力来牵引联合收割机并由机载动力驱动工作部件(图1-3),再由牵引式发展为自走式联合收割机(图1-4)。在这个发展过程中,联合收割机各部工作部件也不断完善。

图1-2　用蒸汽机驱动的牵引式谷物联合收割机

图1-3　用内燃机驱动的牵引式谷物联合收割机

20世纪50年代初,我国从苏联引进谷物联合收割机生产技术,并于1955年开始生产牵引式谷物联合收割机。1965年,我国东风牌自走式谷物联合收割

图 1-4　用内燃机作动力的自走式谷物联合收割机

机研发成功并通过国家鉴定投产。

1.2　我国对谷物联合收获提出三大技术方案

20 世纪 50 年代初,我国从苏联引进投产的谷物联合收割机是全喂入式。随着农业生产推广密植单产提高,全喂入联合收割机作业时负荷增大,粮食损失率等作业质量指标下降。如何使联合收割机适应高产作物收获是个难题。据文献记载,为了适应高产作物收获,根据茎秆少进入或不进入滚筒、在相同的滚筒条件下可以相对增加谷穗喂入量的原理,我国农机工作者提出了三大技术方案:开发半喂入式联合收割机,作业时仅将作物穗部喂入脱粒装置脱粒而茎秆不进入;开发田间直接脱粒的联合收割机,作业时在茎秆生长状态下进行脱粒收获;在全喂入联合收割机收割台的后下方增设二次切割装置,原收割台切割器只收割作物的带穗部分,减少茎秆进入脱粒滚筒。

1.2.1　开发半喂入式联合收割机

全喂入式联合收割机将割下的茎秆连穗一起喂入脱粒装置,脱粒负荷约占联合收割机总动力的 50% 以上。若仅仅将作物穗部喂入脱粒装置脱粒而茎秆不进入,则可大幅降低脱粒功率消耗,并可减少籽粒清选负荷,还可保存完整的稻麦茎秆以作他用。1957 年,我国第一机械工业部农业机械研究所工程师马骥等研制成世界上第一台半喂入式谷物联合收割机(图 1-5),它以割捆机的收割台与自动喂入脱粒机为基础构成,机重仅 1 t,动力消耗少,18 kW 拖拉机即可牵引工作。样机在 1958 年莱比锡国际博览会上展出。作业时,割下的作物经倾斜的中间输送带进入与脱粒滚筒轴平行的夹持输送链的脱粒台,作物茎秆在夹持输送链的输送过程中,将穗部喂入脱粒装置进行脱粒,脱下的籽粒混合物经凹板筛分离到清选装置上,经清选后送入粮箱,杂质被排出机外。脱粒后的茎秆被排出机外并均匀地铺放于地表,排出的茎秆仍能保持其完整。

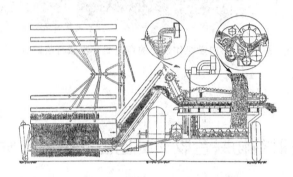

图 1-5　世界上首台半喂入式谷物联合收割机"高产-2 号"

1.2.2　实现田间直接脱粒收获

利用作物根部与地面的连结力,将谷穗喂入脱粒滚筒脱粒,而后将滑出的禾秆割倒在田间,机器的工作部件主要部分是脱粒和清选(图 1-6)。

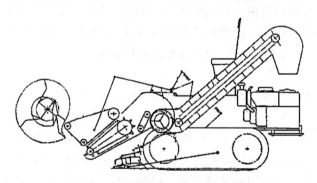

图 1-6　早年田间直接脱粒联合收割机

1.2.3　增设二次切割装置

在谷物联合收割机收割台切割器的后下方,增设二次切割装置(图1-7)。它安装在收割台底板之下。作业时,收割台原有切割器在高割茬状态下将作物含穗部分割下后,经中间输送器送入脱粒装置脱粒,增设的二次切割装置将余下的茎秆低割茬割下撒于田间,即所谓的"二次切割,分向输送"。

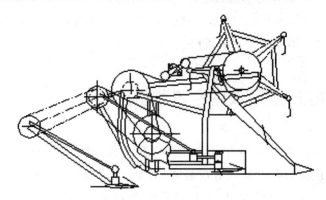

图 1-7　设有二次切割器的收割台

以上3项新技术,在后来获得发展和应用,特别是根据半喂入式收获技术开发的谷物联合收割机,通过不断改进提高,由日本于20世纪60年代末推出实用化机型并不断改进,成为当今水稻收获的主打机型之一。

1.3　我国农机工作者对水稻联合收获机械化的探索

20世纪50年代初我国引进、生产的谷物联合收割机,均采用切流式脱粒装置,且体积大、质量大,仅适应北方旱地麦类作物收获,不适应水稻收获。

我国南方水稻联合收获的试验始于1952年。据文献记载,当时江西省农业厅农具研究所引进苏联的C-4等大型联合收割机做收割水稻试验,结果因机型大、易下陷、脱不净和破碎多等原因而告失败。为此他们于1956年又进行了挂结于福格森拖拉机上小型直流型悬挂式联合收割机的研究。1958年,广东省农机所对西德克拉斯小型牵引式联合收割机进行了改进设计,研制了水稻联合收割机,但未能突破原有的设计而未获成功。直到 1965 年,广东省农机所等单位在悬挂式联合收割机上进行了轴流式脱粒装置的研究并取得了成功。该机在总体设计上打破了谷物联合收割机传统流程框框,采用了具有脱粒和分离功能的轴流式脱粒装置,因此省去了庞大的分离机构——逐秸器,不仅提高了脱粒质量,还简化了机构,缩小了机体,减轻了结构质量,能适应水田作业,使水稻联合收割技术取得了突破性的进展。1967 年,他们利用轴流滚筒脱粒分离技术,研制成功了 GT-1.2 型履带自走联合收割机。该机重 1 t,割幅 1.2 m,接地压力 23 kPa,配套动力 7.35 kW。该样机被认为是当前我国南方应用最广的履带自走式全喂入联合收割机的雏形。

1.4 履带式全喂入联合收割机的问世

20 世纪 70 年代至 80 年代末,我国尚处于计划经济时代,南方水稻收获机械化发展缓慢,因为"机收有偿服务"不发达,对联合收割机的需求不旺,产品开发迟缓。在这段时间里,较有影响的全喂入机型主要有"卧式割台—过桥输送—横轴流脱分—风筛式清选"并挂结在轮式拖拉机上的桂林-2、3 型悬挂联合收割机;半喂入机型主要是具有"橡胶履带式行走装置—卧式割台—禾秆由输送链倒挂输送—纵轴流侧面脱分—风筛清选"的湖州 100-12 型。这两种机型使我国南方的机械化联合收获得以延续,为水稻收获机械化做出了贡献。但是,随着时间推移,精收细作的要求提高,上述轮式悬挂式全喂入机型,存在驱动轮沉陷引起对土壤的破坏、湿田通过性能差、机型过长不适应小田块作业、机动性差等问题,唯轴流式脱分装置性能优良;上述半喂入机型,存在倒挂输送禾秆的输送链经常发生故障、可靠性差等问题,唯橡胶履带式行走装置水田通过性好。于是在 20 世纪 90 年代,浙江两家农机企业将以上两个亮点融合,在前期研究的基础上,推出了简易实用的履带自走式全喂入联合收割机,得到了市场认可,许多个体企业也纷纷加入该型联合收割机的研制生产,且全部使用 8.8 kW 级的 12 型手扶拖拉机作为行走底盘变速箱。浙江省成为生产该类机型的最大基地,年产量逐步上升,到 20 世纪 90 年代末达到 6 000 余台,约占全国该类机型的 80% 以上。这就是当时全国风靡一时的割幅为 1.3 m 的"130 稻麦联合收割机"。

1.5　近年来我国水稻联合收割机的发展

1.5.1　全喂入联合收割机

1. 横置轴流式

随着对生产效率要求的提高和市场扩大至北方水稻产区,"130"联合收割机的割幅,从原来的 1.3 m 增大到 1.8～2.0 m,喂入量从原来的 1.3 kg/s 增大到 1.8～2.0 kg/s,行走变速箱多采用静液压无级变速技术,配套动力也从原来的 14.7 kW 增至 30 kW 以上,随着各类工作部件设计的不断改进,特别是 1999 年增设了杂余收集和复脱装置以后,含杂率指标改善,一跃达到行业标准,其他作业性能也不断提高。由于该类机型基本适应我国农村的经济水平,作业性能良好,因而获得持续推广,成为我国南方水稻收获的主力机型之一(图 1-8)。

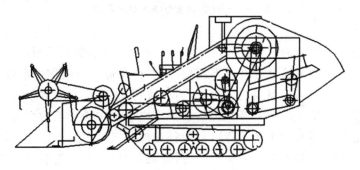

图 1-8　一种履带自走式横轴流全喂入联合收割机

2. 纵置轴流式

为了进一步提高作业效率,必须增加脱粒装置的生产能力,主要是增加脱粒滚筒长度,而切向喂入的横置轴流式受整机宽度限制,发展受到制约。将轴流式脱粒装置纵置,即作物由切向喂入改为纵向喂入是解决问题的途径。70 年代我国已进行纵轴流式脱粒装置的研究,但具有纵轴流式脱粒装置的联合收割机技术,还是 20 世纪末才从国外引进。该机型(图 1-9)主要特点是轴流滚筒轴线与机器前进方向一致,从中间输送器来的作物能轴向进入脱粒滚筒,而不像横轴流式转 90°弯从切向喂入,有利于增大喂入量,提高生产率。同时,纵向喂入联合收割机增宽了中间输送槽,在安装附加割台和立式切割器后可收获油菜等经济作物,综合利用性提高。该机型轴流滚筒长 1.8 m 左右,可低速脱粒以降低籽粒破碎率和碎茎秆。该型机割幅一般在 2~2.5 m,喂入量可达 2.5~4.5 kg/s,国内已有多家企业生产这类机型,可谓异军突起。近年来,有更高生产率的切-纵轴流全喂入联合收割机问世。各类轴流式全喂入联合收割机年产 5 万~6 万台。全喂入联合收割机适合收获籽粒连结力小、易掉粒的水稻品种。

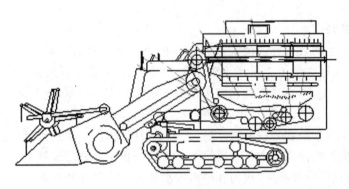

图 1-9   一种纵轴流全喂入联合收割机

50 多年前提出的三大技术方案之一是全喂入联合收割机增设二次切割装置,但当年认为这种方法存在以下问题:对谷穗高低不齐的作物难以避免未割损失,降低了禾秆收获量及利用价值,因二次切割产生大量的短禾秆铺放田间而增加清理的劳动消耗等,所以没有被推广应用。50 多年后的今天,由于作物品种的改进,对禾秆需求的下降以及禾秆切碎还田技术的推进,这项技术已获得应用,它增大了脱粒装置的生产能力,降低了脱粒功耗,实现了低割茬收割,提高了履带式全喂入联合收割机的作业性能。

1.5.2   半喂入联合收割机

50 多年前根据三大技术方案,我国研制成功了世界上第一台半喂入谷物联合收割机,当年在田间试验中出现的主要问题是:由于作物高矮不齐,经夹持输送后不能保证作物穗头都进入脱粒滚筒,因此造成较大的未脱粒损失;若作物进入滚筒太多,则茎秆被弓齿打断,也造成脱粒不尽。因而没有被推广应用。同时,该机的割、送、脱机构呈横向配置,整机宽度为割幅的 2~3 倍,占地过宽,机动性差,尤其不适应南方小田块作业,实用化存在问题。之后由于各种原因没能继续研究。后来,日本以与我国相同的原理开展半喂入式联合收割机研究,但有3项改变:收割台由卧式改为立式,行走由轮式改为履带式,机器由牵引式改为自走式。直到约10年后的1968年,日本的半喂入联合收割机研制成功投产(图1-10),而割、送、脱机构还是横向配置,其弊端尚存。

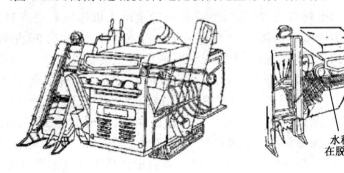

水稻
在脱粒

图1-10 割、送、脱机构呈横向配置的半喂入联合收割机

1978年11月,也就是我国研制成世界上首台半喂入谷物联合收割机的20年之后,日本的半喂入联合收割机亮相北京国际农机展继而进入中国市场。此时的割、送、脱机构已改为呈纵向配置,并采用橡胶履带行走装置,机器宽度与割幅一致。收割部的扶禾机构模仿人工扶禾,可扶起严重倒伏作物。一套复杂夹持输送、集束和交接机构,保证了割下的作物精确输送并交给夹持喂入链,夹持喂入链夹住茎秆根部将作物穗头喂入脱粒装置脱粒。经过30多年发展,我国已有多家联合收割机生产企业批量生产该类机型(图1-11)。与合资企业一起,半喂入联合收割机年产销万台。但收获籽粒连结力小、易掉粒的水稻品种,收割台损失较大。

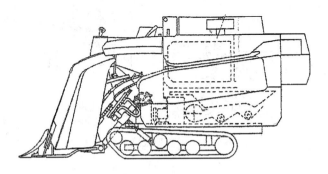

图1-11 现代半喂入联合收割机

1.5.3　梳穗式联合收割机

　　50多年前根据三大技术方案,我国研制了田间直接脱粒联合收割机,当年在田间试验中出现的主要问题是:谷粒不能全落入机体内而造成损失,此外低矮及倒伏作物无法收获,因而没有被推广应用。在20世纪90年代中后期,我国又曾兴起研发热潮,一些高校和科研院所相继研发成功新型田间直接脱粒联合收割机,脱粒部件采用英国西索尔研究所的高速旋转摘穗元件(STRIPPER)。工作原理是:在机器前进过程中,使生长在田间的作物在压禾鼻引导下,进入高速旋转的梳脱滚筒的作用区,利用高速旋转脱粒元件对作物穗头进行梳刷,使穗头和籽粒被拉断完成部分脱粒过程。籽粒等在获得初速度后,在惯性力和高速气流作用下,沿上罩内壁向后飞落到水平搅龙收集,再经中间输送槽送入轴流滚筒复脱分离。该类机型具有结构简单、效率高、能耗低等特点,有的企业曾进行批量生产。由于该类机型(图1-12)具有"全幅收割"和"只脱穗头"的技术特征,被认为是介于全喂入和半喂入之间的联合收割机,曾期望与全喂入和半喂入联合收割机一起进入市场而三分天下。但由于50多年前的问题似乎没有彻底解决,同时脱粒后的茎秆虽可由切割器割下成条铺放一侧,但切割速度无法与机器前进速度相适应。虽然摘穗元件(STRIPPER)具有拨禾、切割、脱粒和输送4种功能,技术先进,也可作为横轴流全喂入联合收割机的配套割台,但南方稻作麦产区还没有大面积应用。

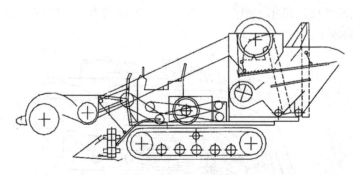

图 1-12　一种梳穗式联合收割机

　　综上所述,我国水稻联合收割机从研发至今50多年来,通过其工作装置不断改进完善,特别是轴流式脱粒分离装置和橡胶履带式行走装置的应用,基本解决了水稻联合收割机存在的"损失、破碎、行走、可靠性"四大技术难题,使我国水稻联合收割机的研发获得了突破性进展,成功开发了早期以"130"为代表的横轴流全喂入水稻联合收割机,并在此基础上,借鉴国外技术开发了纵轴流全喂入联合收割机和半喂入联合收割机。各类机型都已工程化、产业化。但是,事物总是不断发展的,水稻联合收割机的工作装置也需要不断创新、探索,以适应水稻栽培技术不断发展提出的新要求。

第 2 章　水稻物理机械特性对切割、脱粒和清选性能的影响

2.1　水稻籽粒连结力和脱粒滚筒转速

2.1.1　几个水稻品种籽粒连结力的测定数据和分布频谱

1. 籼、粳、糯、籼粳结合 4 个水稻品种的连结力

对超级稻甬优-9（籼稻）、甬优-12（籼粳结合）、粳稻嘉优-2、糯稻甬优-11 4 个品种进行了连结力测定。测定仪器为 SH-5 型数显式推拉力计（最大量值 5 N）。由于籽粒成熟度不一，因此同一穗上各个部位的连结力不同，且随机性很大。每个品种测定 3 穗并按其生长部位标出连结力，取每个品种有代表性的一穗（图 2-1 至图 2-4）。4 个品种的籽粒连结力的平均值，标准差和变异系数如表 2-1 所示。

表 2-1　4 个品种籽粒连结力 $\bar{f}$ 的平均值、标准差 s 和变异系数 σ

品种	平均值 $\bar{f}$ /N	标准差 s /N	变异系数 σ /%	籽粒含水率 /%	茎秆含水率 /%
甬优-12	1.35(137.72gf)	0.64	77.7	21.0	62.7
甬优-9	1.15(117.30gf)	0.475	46.7	22.1	63.4
粳稻嘉优-2	2.15(219.36gf)	1.02	55.0	24.3	64.1
糯稻甬优-11	1.47(149.94gf)	0.506	37.1	24.1	64.8

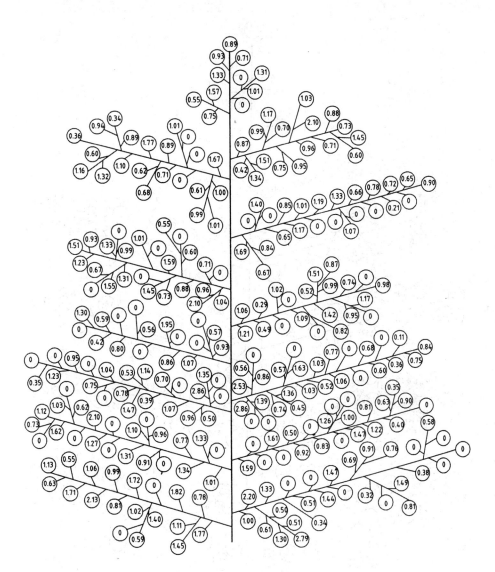

图 2-1 甬优-9 籽粒连结力

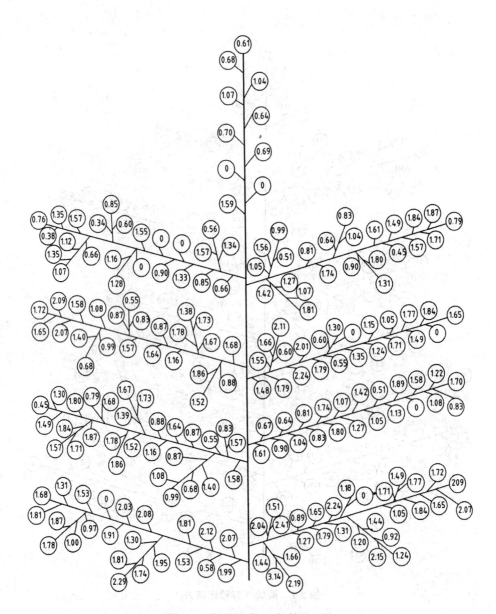

图 2-2　糯稻甬优-11 籽粒连结力

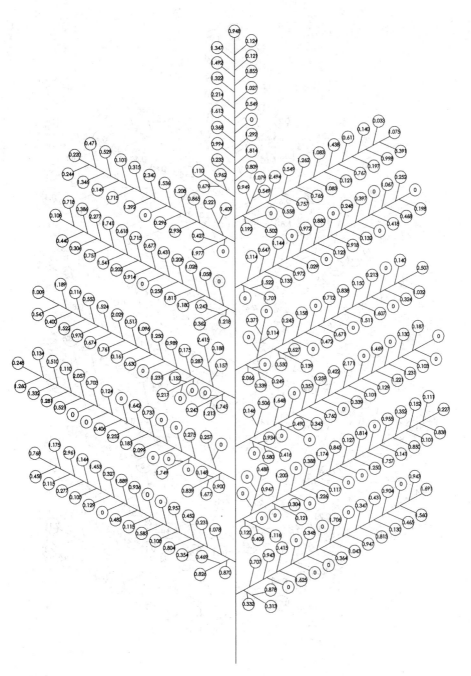

图 2-3　超级稻甬优-12 籽粒连结力

图 2-4　粳稻嘉优-2 籽粒连结力

2.四个水稻品种籽粒连结力分布频谱

对四个水稻品种籽粒连结力,按≤0.5 N,0.5～1.0 N,1.0～1.5 N…4～4.5 N制作了分布频谱图(图2-5)。

从图2-5可以看出,籼稻甬优-9连结力小的籽粒比例到连结力大的籽粒比例呈弧线下降状,说明同一穗上的连结力分布很不均匀,粳稻嘉优-2的变化最小,甬优-12超级稻和糯稻甬优-11位于两者之间。

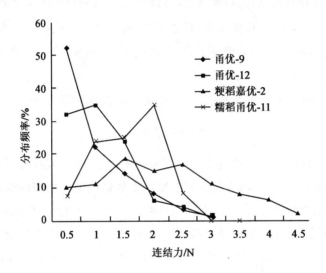

图2-5 4个水稻品种籽粒连结力及分布频谱

2.1.2　水稻籽粒平均连结力 $\overline{f}$ 与脱粒齿顶线速度 υ

1.脱粒功 l 与单位连结力脱粒功耗 C

据相关文献记载,以梳刷方式脱下一粒水稻籽粒所耗功 $l＝40～130\ gcm$,籽粒与粒柄连结力的大小决定了脱粒所需功耗的大小,设脱粒功耗 l 与籽粒平均连结力 $\overline{f}$ 之比为 C,并令 C 为脱粒参数。

$$C＝l/\overline{f}$$
$$l＝C\cdot\overline{f}$$

(2-1)

前述4种水稻品种的 C 值如表2-2所示。

表 2-2　各水稻品种的 C 值

品种	甬优-9	甬优-12	糯稻甬优-11	粳稻嘉优-2
C	0.34~1.10	0.29~0.94	0.23~0.73	0.18~0.59

2.弓齿线速度与杆齿线速度之比 λ

据文献,籼稻脱粒所需线速度:杆齿滚筒 $v_d = 15 \sim 19$ m/s,弓齿滚筒 $v_g = 6 \sim 8$ m/s;粳稻脱粒所需线速度:杆齿滚筒 $v_d = 20 \sim 24$ m/s,弓齿滚筒 $v_g = 10 \sim 12$ m/s;小麦脱粒所需线速度:杆齿滚筒 $v_d = 28 \sim 30$ m/s,弓齿滚筒 $v_g = 12 \sim 14$ m/s。

令弓齿滚筒脱粒所需线速度 v_g 与杆齿滚筒脱粒所需线速度 v_d 之比为 λ:

$$\lambda = v_g / v_d \tag{2-2}$$

以弓齿滚筒脱粒所需线速度的最低值与杆齿滚筒脱粒所需线速度的最低值相除为 λ 的上限,弓齿滚筒脱粒所需线速度的最高值与杆齿滚筒脱粒所需线速度的最高值相除为 λ 的下限,将以上数据代入式(2-2)可得:脱籼稻 $\lambda = 0.4 \sim 0.42$,脱粳稻、糯稻 $\lambda = 0.5$,脱小麦 $\lambda = 0.43 \sim 0.47$,以上 λ 值均接近 0.5,为简化计算,取弓齿滚筒脱粒所需线速度与杆齿滚筒脱粒所需线速度之比 $\lambda = 0.5$。

3.水稻籽粒平均连结力 $\overline{f}$ 与脱粒齿顶线速度 v 以及脱粒滚筒转速 n

脱粒滚筒脱下一颗水稻籽粒所需线速度可用以下经验公式求得(原公式根号前分数的分子为 1,用于计算杆齿线速度,现以 λ 表示,既可计算弓齿线速度,也可计算杆齿线速度)。

$$v = \frac{\lambda}{(1+\varepsilon)\cos\alpha}\sqrt{\frac{2l}{m}} < v_k \tag{2-3}$$

式中:λ—弓齿线速度与杆齿线速度之比,用杆齿滚筒脱稻麦取 1,弓齿滚筒脱稻麦取 0.5。

ε—籽粒受杆齿打击表膜的回复系数,含水率为 15% 时,$\varepsilon = 0.2$;含水率 <15% 时,$\varepsilon = 0.1$;收获时水稻籽粒含水率一般为 20%~24%,取 0.25。

α —滚筒转动时,杆齿的速度方向与籽粒轴所成的角度,(°),取平均值。

$$\cos\bar{\alpha} = \frac{2}{\pi}\int_0^{\pi/2}\cos\bar{\alpha}\,\mathrm{d}\alpha = 0.64$$

v_k —齿板或纹杆破损谷粒时的临界速度,m/s,$v_k \approx 1.3\,v$。

m —籽粒质量,g·s/cm,小麦取 $m = 37\times10^{-6}$,水稻千粒重约为小麦的 85%,取 $m = 31.5\times10^{-6}$。

根据式(2-1)$C = l/\bar{f}$,以 C 和 $\bar{f}$ 取代 l,并将有关数据代入式(2-3),可建立两种脱粒滚筒齿顶线速度和滚筒转速的数学模型:

$$v_\mathrm{g} = \frac{0.5}{(1+0.25)\times0.64}\sqrt{\frac{2C\cdot\bar{f}}{31.5\times10^{-6}}} = 157\sqrt{C\cdot\bar{f}} \tag{2-4}$$

$$n_\mathrm{g} = \frac{30v_\mathrm{g}}{\pi R} = 4\,710\frac{\sqrt{C\cdot\bar{f}}}{\pi R} \tag{2-5}$$

$$v_\mathrm{d} = 2v_\mathrm{g} = 314\sqrt{C\cdot\bar{f}} \tag{2-6}$$

$$n_\mathrm{d} = 2n_\mathrm{g} = \frac{30v_\mathrm{d}}{\pi R} = 9\,420\frac{\sqrt{C\cdot\bar{f}}}{\pi R} \tag{2-7}$$

式中:v_g,n_g —弓齿滚筒线速度和转速,cm/s,r/min。

v_d,n_d —杆齿滚筒线速度和转速,cm/s,r/min。

2.1.3　根据水稻籽粒 $\bar{f}$ 值计算脱粒滚筒齿顶线速度 v 和转速 n

1. 弓齿滚筒

以籽粒连结力最小的甬优-9 号 C 值区间的最小值代入式(2-4),可求得最小线速度 v_g1;用籽粒连结力最大的嘉优-2 号 C 值区间的最大值代入求得最大线速度 v_g2;即

甬优-9 号 $v_\mathrm{g1} = 157\sqrt{0.34\times117.3} = 991\ \mathrm{cm/s} = 9.91\ \mathrm{m/s}$

嘉优-2 号 $v_\mathrm{g2} = 157\sqrt{0.59\times219.36} = 1\,786\ \mathrm{cm/s} = 17.86\ \mathrm{m/s}$

当脱粒滚筒齿顶外径 $D = 550\ \mathrm{mm}$,线速度计算半径 $R = 237.5\ \mathrm{mm}$,以籽粒连结力最小的甬优-9 号 C 值区间的最小值代入式(2-5),可求得弓齿滚筒转速最小值 n_g1;用籽粒连结力最大的嘉优-2 号 C 值区间的最大值代入式(2-5),

可求得弓齿滚筒转速最大值 n_{g2}

$$\text{甬优-9 号 } n_{g1} = \frac{30v_{g1}}{\pi R} = 4\ 710\ \frac{\sqrt{C \cdot \overline{f}}}{\pi R} \approx 400\ \text{r/min}$$

$$\text{嘉优-2 号 } n_{g2} = \frac{30v_{g2}}{\pi R} = 4\ 710\ \frac{\sqrt{C \cdot \overline{f}}}{\pi R} \approx 720\ \text{r/min}$$

据文献,弓齿式轴流滚筒稻麦脱粒常用线速度为 11～19 m/s,因此,当水稻籽粒平均连结力 $\overline{f} = 1.15 \sim 2.15$ N,滚筒齿顶外径 $D = 550$ mm 时,在 11～19 m/s 之间选择脱粒滚筒线速度,在 400～720 r/min 之间选择脱粒滚筒转速,可满足常用稻麦品种脱粒性能的要求。

2. 杆齿滚筒

当脱粒滚筒齿顶外径 $D = 550$ mm 时,有

$$v_d = 2v_g = 19.82 \sim 35.72\ \text{m/s}$$

$$n_d = 2n_g = 800 \sim 1\ 440\ \text{r/min}$$

据文献,杆齿式轴流滚筒稻麦脱粒常用线速度为 18～26 m/s,因此,当水稻籽粒平均连结力 $\overline{f} = 1.15 \sim 2.15$ N,滚筒齿顶外径 $D = 550$ mm 时,在 19.82～35.72 m/s 之间选择脱粒滚筒线速度,在 800～1 440 r/min 之间选择脱粒滚筒转速,可满足常用稻麦品种脱粒性能的要求。

以上计算表明,根据水稻籽粒 $\overline{f}$ 值计算脱粒滚筒齿顶线速度 v 和转速 n,与实际应用值十分接近。

2.2　稻麦作物几种物理机械特性

2.2.1　几种超级稻单株切割力

据有关学者对镇稻 10/413/6145/661/662/671 六种水稻茎秆性状测定:平均直径 6～8 mm;含水率 66%～70%;株高 920～1 060 mm;穗长 150～170 mm。当收割速度为 1.5 m/s 时,茎秆田面以上 50～300 mm 处,茎秆面积为按椭圆环求得的茎秆壁厚面积,其机械力学特性:

(1)平均峰值切割力为 24～32 N;

(2)单位面积切割力为 0.7～1.2 N/mm²;

(3)单位面积切割功为 2.5～4.0 mJ/mm²。

2.2.2 几种因素对超级稻单株力学性质的影响

据有关学者测定:收割速度、茎秆面积对切割力和切割功都将产生影响,关系曲线如下:

1.切割速度对切割力峰值的影响(图 2-6)

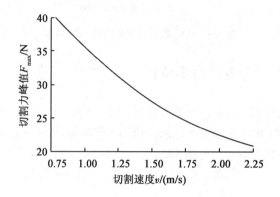

图 2-6 切割速度与切割力峰值的关系

2.茎秆截面积与切割力峰值的关系(图 2-7)

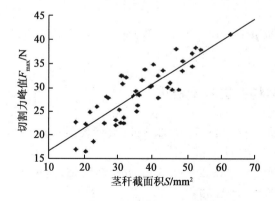

图 2-7 茎秆截面积与切割力峰值的关系

3. 茎秆截面积与切割功耗的关系（图 2-8）

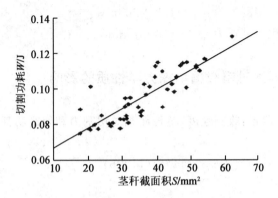

图 2-8　茎秆截面积与切割功耗的关系

2.2.3　稻麦物料空气动力学特性

（1）临界速度 v_p(m/s)　水稻籽粒 $v_\mathrm{p}=10.1$，小麦 $v_\mathrm{p}=8.9\sim11.5$，稻麦颖壳 $v_\mathrm{p}=0.6\sim5.0$，麦秆（<100 mm）$v_\mathrm{p}=5.0\sim6.0$，稻糠 $v_\mathrm{p}=0.84\sim2.4$。

（2）飘浮系数 k_p(m^{-1})　水稻 $k_\mathrm{p}=0.1$，小麦 $k_\mathrm{p}=0.076\sim0.121$。

（3）阻力系数 k　小麦 $k=0.184\sim0.265$，大豆 $k=0.115\sim0.152$。

2.2.4　水稻物料摩擦系数

（1）籽粒-钢板 $\mu=0.424\sim0.624$；籽粒-木材 $\mu=0.464\sim0.932$；籽粒-帆布 $\mu=0.509\sim0.700$。

（2）茎秆-钢板 $\mu=0.364\sim0.487$；茎秆-木材 $\mu=0.286\sim0.384$；茎秆-帆布 $\mu=0.466\sim0.674$。

2.2.5　水稻物料容重和千粒重

（1）籽粒容重　$\gamma=445.1\sim553.3$ kg/m^3（粳稻），$\gamma=470\sim550$ kg/m^3（超级稻）。

（2）植株容重　$\gamma=90.2\sim92.5$ kg/m^3（超级稻，品种 543）；割后平均株高 104 cm，平均谷草比 1∶1.59。

（3）杂余容重　$\gamma=192.58$ kg/m^3。

（4）水稻籽粒千粒重　27～31 g。

第 3 章　全喂入横轴流联合收割机新型工作装置设计与试验

3.1　双动刀往复式切割器

3.1.1　基本结构与工作原理

如图 3-1 所示,双动刀切割器的上、下动刀组、压刀器等部件都安装在切割

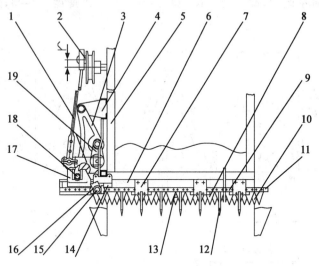

图 3-1　双动刀切割器及其驱动机构示意图

1.连杆　2.曲柄　3.下动刀驱动摇臂　4.支架　5.机架　6.切割器梁　7.压刀器　8.上动刀片
9.上动刀杆　10.下动刀片　11.下动刀杆　12.导禾器　13.下动刀杆限位条　14.上动刀滑道
15.上动刀驱动销　16.上动刀驱动头　17.下动刀驱动头　18.下动刀驱动销
19.上动刀驱动摇臂(三角摆块)

器梁(6)上，导禾器为弹王钢质人字结构，以一定间距固定在切割器梁(6)上，而切割器梁(6)作为一个组件安装在机架(5)上。双动刀驱动装置为2组上下配置的双层联动叠加式摇臂机构。该装置以原有的单动刀摇臂机构(三角摆块，19)驱动上动刀，并利用"支点两端作反向运动"的原理，在三角摆块(19)上增设一段摇臂驱动下动刀的摇臂，其长度根据上、下动刀行程等要求通过平面机构综合求得。作业时，上驱动摇臂机构(19)通过驱动头(16)，下驱动摇臂机构(3)通过驱动头(17)，分别驱动上、下动刀组做方向相反、行程相等的往复运动切割作物。整个驱动机构及切割器梁(6)外伸收割台侧壁的宽度小于水稻种植行距。双动刀切割器采用 GB/T 1209—2002 Ⅵ 型切割器的动刀片、动刀杆与压刃器等标准元件，行程 s 和动刀距 t 相等，即 $s=t=50$ mm。

3.1.2　双动刀切割器理论分析

1.位移 x、速度 v_x 和加速度 a_x

如图 3-2 所示，在上、下摇臂机构驱动下，上动刀片(1)开始向右、下动刀片(2)开始向左运动，此时对应曲柄转角 $\phi=0$，切割速度 $v_x=0$，加速度 $a_x=$

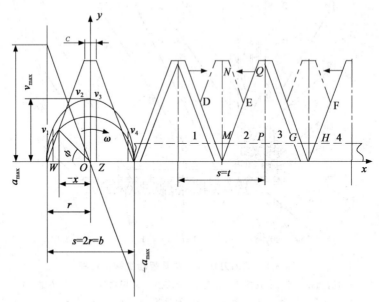

图 3-2　双动刀切割器动刀片的位移、速度和加速度

1.上动刀片　2.下动刀片　3.第二个上动刀片　4.第二个下动刀片　D,E,F.刃口

a_{max}；随着曲柄转动，上动刀片（1）的刃口（D）和下动刀片（2）的刃口（E）在点 M 处相遇开始切割作物，此时 $\phi = \phi_1$，$v_x = v_1$；当刃口（D）和刃口（E）在点 N 处相交时第一次切割终止，此时 $\phi = \phi_2$，$v_x = v_2$；当上动刀片（1）和下动刀片（2）的中心线在 MN 重合时，它们分别相向位移了 1/2 行程，此时 $\phi = 90°$，$v_x = v_{max}$，$a_x = 0$；在下半个行程，上动刀片（1）的刃口（D）与第二个下动刀（4）的刃口（F）在点 P 处相遇，继续切割作物，此时 $\phi = \phi_3$，$v_x = v_3$；两刃口（D 和 F）在 Q 点处相交时，第二次切割终止，此时 $\phi = \phi_4$，$v_x = v_4$；当上动刀片（1）和下动刀片（4）的中心线在 PQ 重合时，上动刀片（1）完成了一个行程的切割，此时 $\phi = 180°$，$v_x = 0$，$a_x = -a_{max}$。位移 x、速度 v_x 和加速度 a_x 的数学表达式为：

$$x = -r\cos\omega t \tag{3-1}$$

$$v_x = r\omega\sin\omega t = \omega\sqrt{r^2 - x^2} \tag{3-2}$$

$$a_x = r\omega^2\cos\omega t = -\omega^2 x \tag{3-3}$$

从图 3-2 可知，上动刀片（1）和第一个下动刀片（2）切割时的始切速度 v_1 和终切速度 v_2，分别等于上动刀片（1）和第二个下动刀片（4）切割时的终切速度 v_4 和始切速度 v_3。其值可根据动刀片前桥宽度 c 和相邻动刀安装间隔 GH（一般 $|GH| = c$）求得。

设曲柄转角为 ϕ_1、ϕ_2、ϕ_3、ϕ_4 时的绝对切割速度为 v_1'、v_2'、v_3' 和 v_4'，由于上、下动刀片作反向等速运动，故 $v_1' = 2v_1$，$v_2' = 2v_2$，$v_3' = 2v_3$，$v_4' = 2v_4$。

即

$$v_1' = v_4' = 2\omega\sqrt{r^2 - |OW|^2} = 2\omega\sqrt{r^2 - \left(r - \frac{c}{2}\right)^2} \tag{3-4}$$

$$v_2' = v_3' = 2\omega\sqrt{r^2 - |OZ|^2} = 2\omega\sqrt{r^2 - \left(\frac{c}{2}\right)^2} \tag{3-5}$$

同理平均切割速度 v_p'，平均剪切速度 v_j' 也为单动时的 2 倍。

$$v_p' = \frac{2ns}{30} \times 10^{-3} \tag{3-6}$$

$$v_j' = \frac{2}{\frac{\pi}{180°}(\phi_2 - \phi_1)}\int_{\phi_1}^{\phi_2} r\omega\sin\phi\,d\phi \tag{3-7}$$

式中：ω —曲柄角速度，rad/s；

　　　n —曲柄转速，r/min；

r —曲柄半径,m;

c —动刀片前桥宽度,m;

s —动刀行程,m。

2. 双动刀切割图数值分析

切割器工作时,上动刀片(1)和下动刀片(2)相向运动在点 M 处开始切割,在点 N 处结束,动刀片(1 和 2)重合时,动刀走完半个行程($s/2$),机器前进半个进距($H_1/2$)。随着曲柄旋转,上动刀片(1)开始与第二个下动片(4)在点 P 处开始切割,在点 Q 处结束。当(1)和(4)重合时,动刀走完一个行程 s,机器前进一个进距 H_1。切割面积如图 3-3 所示。

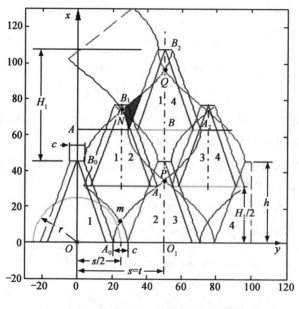

图 3-3 双动刀切割器切割图

动刀片上任一点的轨迹为余弦曲线。$A_0A_1A_2$ 和 $B_0B_1B_2$ 为上动刀片(1)右刃口两端点的运动轨迹。其轨迹方程:

$$y = r\cos\left(\frac{\pi}{H_1}x\right) \tag{3-8}$$

应用 MATLAB 软件进行了切割图数值分析,当前进速度为 1 m/s,曲柄转速为 476 r/min 时,在一个进距 H_1 中,一个动刀刃口所切割的面积(即 $A_0A_2B_2B_0$ 的面积)为 3 388 mm²,大于一个进距面积(即 ABO_1O 的面积)3 150 mm²,而重割面积为 102.4 mm²(图中阴影部分)。

3.导禾器作用分析

(1)往复式切割器属于有支承切割装置,它工作时为不推倒作物需要纵向支承,为顺利切割需要横向支承。单动刀切割器动刀片下有定刀片,上有护刃器舌,工作时定刀片和护舌横向支承下切割作物,其纵向支承有拨禾轮等。双动刀的上动刀片下面有下动刀片支承,而上面没有支承,当双动刀上下刀片间隙过大时,切割器阻力增大甚至堵刀,因此需解决横向支承。双动刀切割器以拨禾轮作纵向支承,故需增设导禾器解决横向支承问题。

(2)导禾器为"∠"结构,按一定的间距(100 mm)安装在切割器梁上,其形状似一个"护舌"张开角度较大的"护刃器"。双动刀切割器工作时,利用"护舌"的横向支承作用顺利切割作物。

3.1.3　双动刀和单动刀切割器振动测定

1.测定条件及测定结果

对分别装有单动刀和双动刀的同割幅(1 800 mm)联合收获机进行了收割台驱动区振动测试,测试仪器为 FPY-2 型幅频测试仪,振幅 0～3 mm,加速度 0～10 g,频率 0～120 Hz。除行走外,其他部分均处于运转状态。传感器安装于收割台切割器驱动机构的上端,切割器结构特征如表 3-1 所示。

表 3-1　单、双动刀切割器结构特征

参　　数	数值	
	双动刀	单动刀
动刀片数量/片	Ⅵ型/36	Ⅱ型/24
动刀杆长度/mm	1 990	1 940
动刀组质量/kg	上动刀/5.2,下动刀/5.1	动刀/5.8

2.测定结果比较分析

割台传动系统作往复运动和旋转运动时产生不断变化的惯性力,是小中型联合收获机的主振源之一,减振是技术改造的一个重要方面。通过对单、双动刀的振动测定结果表明(表 3-2):在测定点,曲柄转速 210 r/min 时,双动刀的加速度为单动刀的 80.6%,振幅为单动刀的 68.2%;曲柄转速 480 r/min 时,加速度为单动刀的 66%,振幅为单动刀的 84.1%,其原因在于双动刀往复式切割器上、下动刀作相向运动,由加速度引起的惯性力相互平衡。

表 3-2　单、双动刀切割器测定结果

转速/	210		480	
(r/min)	双动刀	单动刀	双动刀	单动刀
加速度 a/g	2.5	3.1	5.0	7.5
振幅 A/mm	0.15	0.22	1.1	1.3
频率 f/Hz	23.0	21.0	17.3	12.0

3.1.4　双动刀切割器工作特性

1. 斜向弯曲小

如图 3-2 所示,上动刀片(1)与下动刀片(2 和 4)的切割都在 MN 线和 PQ 线完成,故可视 MN 和 PQ 为无形的"定刀中心线",它们之间的距离可视作"定刀距" t_0,即 $s = t = 2t_0$,因而可将双动刀往复式切割器视为"低割型"切割器,切割作物时斜向弯曲小,割茬低。

2. 切割速度快

由于上、下动刀相向运动完成切割,绝对切割速度是动刀片运动速度的 2 倍,即可在较低的曲柄转速下获得较高的切割速度。由于相邻动刀片之间有一定间隔 GH,故始切速度大于零。在曲柄转速相同情况下,使用的 Ⅵ 型动刀片(行程 50 mm)的切割速度比 Ⅱ 型动刀片(行程 76 mm)可提高 33%,有利于提高作业效率。

3. 切割负荷均匀

在一个行程的 180° 曲柄转角中,用于切割作物的转角为 102.54°(约为单动刀切割器的 2 倍),相当于 68% 的行程用于切割,故双动刀的平均切割速度与平均剪切速度之差比单动刀的小。

4. 没有漏割

根据 MATLAB 软件对双动刀切割图的数值分析,在一个进距中切割面积为进距面积的 1.07 倍,而重割面积只占 3%,没有漏割。

5. 割台振动小

对相同曲柄转速、相同割幅的单动刀切割器和双动刀切割器的振动测定表明,由于双动刀切割器上、下动刀组做反向切割运动,惯性力相互平衡。曲柄转速为 210～480 r/min 时,双动刀的加速度为单动刀的 80.6% ～66.0%,振幅为单动刀的 68.2%～84.1%，双动刀切割器的加速度和振幅明显小于单动刀切割器，有利于减少因振动引起的机器故障。

图 3-4 为双动刀往复切割器。

图 3-4 双动刀往复切割器

3.2 双动刀双层联动驱动机构

全喂入联合收割机的驱动机构设在收割台割幅以外，若驱动机构过宽会影响开道作业，故要求驱动机构外伸宽度小于水稻种植行距。在原单动刀摇臂机构空间内设计了双层联动的双动刀驱动机构。

3.2.1 双层联动驱动机构设计

双层联动驱动机构的两组驱动摇臂呈上下叠加配置，上层驱动上动刀，下层驱动下动刀，动力来自上层驱动机构（原驱动单动刀的摇臂机构，俗称"三角摆块"）。利用"支点两端作反向运动"的力学原理，在三角摆块上增设一段联动杆用以驱动下动刀。根据动刀行程，经平面连杆机构综合，求出联动杆的长度，双层联动驱动机构投影如图 3-5 所示。

图 3-5 中，AD 和 AD_1，ED 和 ED_1 分别为上、下摇杆 c、d 以 A、E 为中心转动的两个极限位置，夹角分别为 β 和 α，其投影 $ADED_1$ 为一个四边形，对角线 AE 长度为 l，设 $\angle ADE$ 为 $\angle D$，在 $\triangle DAE$ 中，

$$\frac{l}{\sin D} = \frac{c}{\sin \frac{\alpha}{2}} = \frac{d}{\sin \frac{\beta}{2}} = 2R \qquad (3\text{-}9)$$

式中：R 为通过点 A、D、E 的外接圆半径，根据已知杆长 a、b、e 和 M、N 等位置参数以及行程 s，可以求得对角线 AE 长度 l、$\angle D$、$\angle \beta$、$\angle \alpha$ 和外接圆半径 R，进而可求得：

$$c = 2R\sin \frac{\alpha}{2} \qquad (3\text{-}10)$$

$$d = 2R\sin \frac{\beta}{2} \qquad (3\text{-}11)$$

$$\Delta l = (c + d) - l \qquad (3\text{-}12)$$

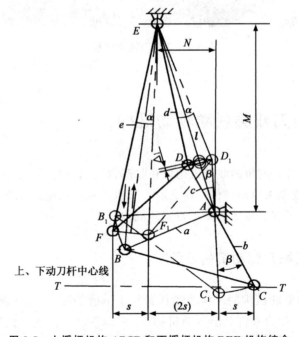

图 3-5　上摇杆机构 **ABCD** 和下摇杆机构 **DEF** 机构综合

3.2.2　双层联动驱动机构理论分析

如图 3-6 所示，曲柄连杆机构(1)通过球铰 B 驱动上摇杆机构(3，$CADB$)，

并由点 D 驱动下摇杆机构（2，DEF），构成一组双层联动摇杆机构。两组摇杆机构通过点 A 与点 E 铰接于机架。

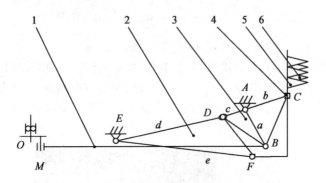

图 3-6　双动刀往复切割器驱动机构示意图

1.曲柄连杆机构　2.下摇杆机构 DEF　3.上摇杆机构 $CADB$　4.滑块　5.上动刀　6.下动刀

　　因驱动机构的动力来自曲柄连杆机构 OMB，且曲柄 OM 的长度小于连杆 MB 长度的 $1/20$，故可视 B 点的运动为简谐运动，其位移 x_B、速度 v_B 和加速度 a_B 可用式（3-1）至式（3-3）求得。

　　1.上动刀驱动点 C 的位移 x_c、速度 v_c 和加速度 a_c

　　由图 3-6 可知，在上摇杆机构 $CADB$ 中，杆 AC（长度 b）的运动源于杆 AB（长度 a）的点 B，故点 C 的各运动参数为点 B 相应运动参数的 b/a 倍，令 $b/a = K_1$，则有

$$W_C = K_1 W_B \tag{3-13}$$

式中：W_C—— 点 C 的位移 x_c、速度 v_c 和加速度 a_c；

　　　W_B—— 点 B 的位移 x_B、速度 v_B 和加速度 a_B。

　　2.下摇杆机构 DEF 驱动点 D 的位移 x_D、速度 v_D 和加速度 a_D

　　下摇杆机构 DEF 驱动力来自上摇杆机构 c 杆（AD），由于 c 杆与 b 杆（AC）成一直线，故 D 点的 x_D，v_D 和 a_D 分别是 C 点的 x_c、v_c 和 a_c 的 c/b 倍，令 $c/b = K_2$，则有

$$W_D = K_2 W_C = K_2 K_1 W_B$$

式中：W_D—— 点 D 的位移 x_D、速度 v_D 和加速度 a_D。

　　3.下动刀驱动点 F 的位移 x_F 速度 v_F 和加速度 a_F

　　由于下摇杆机构的点 D 与上摇杆机构的点 D 速度相同，而下动刀驱动点 F

的运动由下摇杆机构的点 D 控制，点 F 的 x_F、v_F 和 a_F 是 x_D、v_D 和 a_D 的 e/d 倍，令 $e/d = K_3$，则有

$$W_F = K_3 W_D = K_3 K_2 W_C = K_3 K_2 K_1 W_B \qquad (3\text{-}14)$$

式中：W_F——F 点的位移 x_F、速度 v_F 和加速度 a_F。

由于杆件 a、b、c、d、e 长度已知，将数据代入可证明下动刀驱动点 F 的 x_F、v_F、a_F 分别与上动刀驱动点的 x_c、v_c 和 a_c 数值相等方向相反，从而使上、下动刀实现行程相等、方向相反的往复运动。图 3-7（彩图 3-7）为双动刀往复切割器驱动机构。

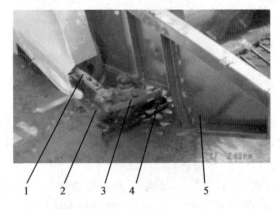

图 3-7　双动刀往复切割器驱动机构
1.连杆　2.下摇杆机构　3.上摇杆机构　4.上、下动刀　5.内分禾器

3.3　二次切割装置

以改变收获作物的流程来减轻脱粒装置负荷的方法一直以来都受到人们的关注，采用二次切割分向输送、减少茎秆进入脱粒滚筒就是其中之一。该技术将带穗头一段茎秆（按作物最大穗幅差）由原割台切割器（简称一次切割器）切割后送入滚筒脱粒，余下茎秆由二次切割器割下抛撒田间，割茬 10 cm 左右。这也是我国农机工作者在 20 世纪 50 年代后期，为解决高产小麦收获问题提出的三大技术措施之一："在联合收割机收割台切割器的后方，增加第二割刀，即提高收割台使其只收谷穗，而第二割刀将茎秆割下"。但在当年，"由于这种方法对高低不齐的作物难以避免未割损失，又降低了禾秆收获量及其利用价值，且

割下的大量禾秆铺放田间增加了清理收集的劳动消耗等原因而未见应用"。进入21世纪后,我国稻麦产量不断提高,超级水稻的产量一般都达到 9 000 kg/hm²,茎秆高 1.2~1.4 m,上述问题更加突出。因而使二次切割分向输送技术重获推广应用。

3.3.1　二次切割装置设计

1.二次切割装置安装位置参数

二次切割装置安装于收割台的后下方(图 3-8),用于将割台切割装置(下称"一切")切割后的无穗茎秆按农艺要求割下抛撒田间,实现"二次切割分向输送"。二次切割装置(下称"二切")安装位置参数有如下要求:①"一切"和"二切"装置之间有一定水平间距(900~950 mm),使经一次切割后向前倾斜的茎秆在二次切割装置到达以前得以恢复至直立状态;②"二切"和行走履带之间应保持一定间距(200~220 mm)防止行走履带积草拖堆;③"一切"和"二切"装置之间应有一定的垂直空间(>300 mm)以满足不同高度作物二次切割的要求。

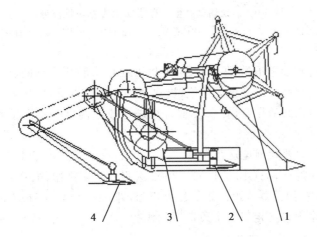

图 3-8　二次切割装置安装位置示意图

1.拨禾轮　2.收割台切割装置　3.割台螺旋输送器　4.二次切割装置

2.二次切割装置结构设计

二次切割装置由悬挂臂、刀床、切割器、切割器驱动机构和传动机构等构成(图 3-9)。二次切割装置与一次切割装置相同,采用标Ⅱ型。由于二次切割属无支承切割,要求平均切割速度高于一次切割装置的 20% 以上。驱动机构与一次切割装置相同,采用曲柄连杆双摇杆机构。二次切割装置通过悬挂臂和刀床焊合的"门"形组件,由2组肖轴连接于机架。"二切"装置的曲柄轮的动力来自一次切割装置的曲柄轮。二次切割装置随收割台升降。由于二次切割装置基本贴地作业,因此要防止泥土对机构运转的影响,要求驱动摇杆下部设置防护板。

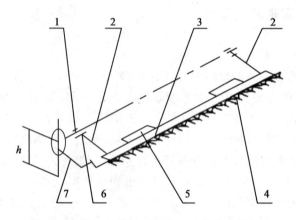

图 3-9 二次切割装置示意图(h 为曲柄离地高度)

1.悬挂销轴 2.悬挂臂 3.刀床 4.二次切割器 5.防护板 6.机架轴套 7.曲柄连杆驱动机构

对二次切割装置升降的要求是:①机器在地头转弯和田间转移时,二次切割装置能随收割台同步升至运输位置(离地 240 mm 以上)以保证通过性;②由于二次切割刀床贴地作业,要求收割台在进行收割高度少量调整时不影响"二切"装置贴地作业。

3.二次切割器切割速度计算

往复式切割器,按 GB/T 1209—2002 选用Ⅱ型切割器,主要结构参数:行程 s、动刀节距 t 和护刃器节距 t_0 3 个参数相等,即 $s = t = t_0 = 76.2$ mm。每一行程 s,动刀一个刃口与定刀一个刃口切割作物。

(1)动刀平均切割速度 v_p

$$v_p = \frac{rn}{15} \tag{3-15}$$

式中:n—曲柄转速,r/min,取 537;

　　　r—曲柄半径,m,取 0.038。

(2)动刀平均剪切速度 v_j　动刀与定刀并非整个行程 s 中都在剪切作物,而只有动刀片刃口与定刀片刃口接触后的一段行程剪切作物。这段行程约占整个动刀行程的 46%,该行程的平均速度称平均剪切速度 v_j。

$$v_j = \frac{1}{\frac{\pi}{180°}(\theta_z - \theta_s)} \int_{\theta_s}^{\theta_z} r\omega \sin\theta \mathrm{d}\theta \qquad (3\text{-}16)$$

式中:θ_s——动刀片从左死点运动到始切点时的曲柄转角(Ⅱ型切割器 71.33°);

θ_z——动刀片从左死点运动到终切点时的曲柄转角(Ⅱ型切割器 118.27°)。

将相关数据分别代入式(3-15)和式(3-16),可求得动刀平均切割速度 $v_p =$ 1.36 m/s,动刀平均剪切速度 $v_j =$ 2.56 m/s。

3.3.2　二次切割装置功率消耗及其对脱粒功耗的影响

1.二次切割功率消耗 N_1

$$N_1 = N_g + N_k = v_m B L_0 = N_k \qquad (3\text{-}17)$$

式中:N_g——切割功率,kW;

N_k——切割器空转功率,kW,取 1.44 kW;

v_m——机器作业速度,m/s,取 1.20 m/s;

B——机器割幅,m,取 1.8 m;

L_0——切割单位面积茎秆的能耗,J/m²,取 150 J/m²。

代入以上数据可求得:$N_g = 0.33$ kW,$N_1 = N_g + N_k = 0.33 + 1.44 = 1.77$ kW。

2.配置二次切割装置后脱粒装置消耗的功率 N_2

$$N_2 = 6.28[1 - 0.67\xi \div (1-e) \div (\rho+1)]qk\omega^2 R\mu \mathrm{ctg}\alpha/g \qquad (3\text{-}18)$$

式中:g——重力加速度,取 9.8 m/s²;

ξ——滚筒脱粒物分离率,取 0.5;

e——分离物含杂率,取 0.15;

ρ——草谷比,未装二次切割装置取 1.5,装二次切割装置取 0.8;

q——喂入量,kg/s,未装二次切割装置取 2.5,装二次切割装置取 1.5;

k——作物速度系数,取 0.1;

ω——滚筒角速度,$\omega = 90$ rad/s;

R——滚筒半径,$R = 0.25$ m;

μ——平均摩擦系数,$\mu = 0.55$;

α—作物运动方向角,取 $\alpha = 28°$。

分别将数据代入式(3-18)可得:没有二次切割装置 $N_2 = 14.7$ kW;安装二次切割装置 $N_2 = 9.3$ kW。

3.3.3 二次切割分向输送效果分析

(1)安装二次切割装置后,切割器只割下含穗部分(约 450 mm,作物最大穗幅差)的茎秆送入滚筒脱粒,减少了作物茎秆进入脱粒滚筒数量约 1/3,不但减轻了脱粒滚筒的负荷,也减轻了清选机构的负荷,提高了作业质量和作业效率。脱粒所需功耗从 14.7 kW 降至 9.3 kW,下降了 36.73%。

(2)由于应用了"二次切割分向输送"技术,割茬高度比未进行二次切割时缩短了约 50%,余下茎秆经二次切割后割茬符合农艺要求。

图 3-10(彩图 3-10)为装有二次切割装置的收割台。

图 3-10 装有二次切割装置的收割台

3.4 同轴差速轴流脱粒分离装置

脱粒滚筒转速是影响联合收割机损失率、破碎率和含杂率 3 项性能指标的主要因素。切向喂入的横轴流脱粒分离装置其轴流滚筒均采用单一转速,为减少脱不净损失选择了较高转速,因此籽粒破碎率较高,碎茎秆增多,而收获粳稻时还存在脱粒能力不足问题。同轴差速轴流脱粒滚筒有助于提高脱粒能力并协调损失率、破碎率和含杂率之间关系,整体提高脱粒性能。

3.4.1　差速脱粒理论依据

　　稻麦穗上籽粒的成熟时间不同,水稻穗籽粒自上而下依次成熟,而小麦则是穗的中部籽粒先成熟,两端籽粒后成熟,且有一个分布范围。先成熟的籽粒与穗柄的连结力小易脱粒,后成熟的则相反。从第 2 章图 2-5 和表 2-1 可看出,稻穗上每个籽粒的连结力不同,整穗籽粒连结力的标准差和变异系数都较大,分布带较宽,脱粒难易变化较大。根据这些稻麦生物学特性,说明可以用不同的滚筒线速度将籽粒脱下。据前人研究,轴流滚筒有两组曲线反映其稻麦脱粒特性,其一是脱粒性能随转速的变化趋势如图 3-11 所示,表明脱粒滚筒转速是影响脱粒性能的首要因数,低转速能降低籽粒破碎和碎茎秆的数量,但脱不净率增加,即脱粒损失率增大,而高转速时则相反;其二是籽粒沿轴流滚筒长度的分离量如图 3-12,表明大部分谷粒在滚筒的前半部已经脱粒分离,后面部分主要用于分离。利用以上水稻生物学特性和轴流滚筒脱粒特性,可设计集高、低不同转速于同一滚筒,即同轴差速脱粒技术提高脱粒质量。

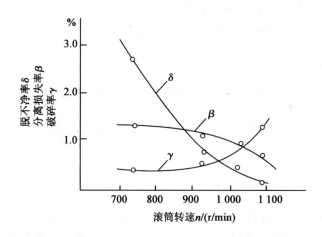

图 3-11　轴流滚筒的脱粒性能随转速的变化

3.4.2　同轴差速脱粒装置设计

　　同轴差速脱粒装置的高、低速滚筒半径和栅格凹板包角的结构参数相同,但高、低速滚筒的长度和转速不同,高、低速滚筒的转速和长度需计算确定。

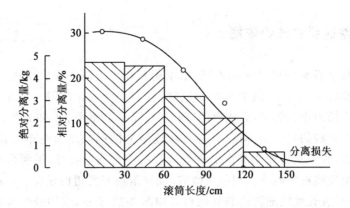

图 3-12　轴流滚筒长度与籽粒分离量的关系

1. 差速脱粒滚筒转速确定

$$n_2 = kn_1 = \frac{30kv_1}{\pi R} \tag{3-19}$$

式中：n_2 ——高速滚筒转速，r/min；

　　　v_1 ——低速滚筒线速度（水稻脱粒滚筒最低线速度），m/s，取 18；

　　　R ——轴流滚筒半径，m，取 0.275；

　　　n_1 ——低速滚筒转速，r/min，取 625；

　　　k ——圆柱形杆齿式轴流滚筒水稻脱粒最高和最低线速度之比，$k = 26/18 = 1.44$。

代入式(3-19)可求得 $n_2 = 900$ r/min。考虑到难脱品种，取 $n_1 = 700$ r/min，$n_2 = 950$ r/min。

2. 高、低速滚筒长度分配

按低速滚筒主要用于基本完成作物脱粒、高速滚筒主要用于部分难脱籽粒脱粒和尚未分离的混合物分离的原则确定低、高速滚筒长度。脱粒滚筒的脱粒能力取决于栅格凹板的面积，由于高、低速滚筒半径和凹板包角等结构参数相同，因此，脱粒能力取决于低速段凹板长度。设低速滚筒承担喂入量的 ε 倍脱粒量，低速滚筒段凹板长度 L_1 可由下式求得：

$$L_1 = \frac{\varepsilon q}{a\beta R} \tag{3-20}$$

式中：ε ——喂入量中由低速滚筒脱粒的比例，$\varepsilon = 0.8 \sim 0.85$；

　　　q ——联合收割机喂入量，kg/s；

a—栅格式板单位面积生产率，kg/(m²·s)，$a=1.4\sim2.0$；

R—弧形凹板半径（圆心至栅格凹板横隔板上表面距离），m；

β—弧形栅格式凹板包角，rad。

将数据代入式(3-20)可求得 L_1 值。一般脱粒滚筒脱粒部分总长的 2/3 左右为低速段，1/3 左右为高速段。两段滚筒连接处设置防堵塞与防干涉装置。作业时，低速滚筒与高速滚筒以各自转速工作，作物从低速滚筒一端切向进入，在低速下脱下并分离绝大部分籽粒，少量难脱籽粒进入高速滚筒后脱下并分离所有未分离的混合物。高速滚筒的延长段用于排草。同轴差速轴流滚筒结构如图 3-13 所示。图 3-14(彩图 3-14)为同轴差速轴流式脱粒装置。

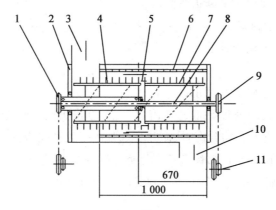

图 3-13　一种同轴差速轴流式脱粒装置结构示意图

1.高速滚筒链轮　2.机架　3.排草口　4.高速滚筒　5.过渡圈　6.栅格凹板
7.低速滚筒　8.滚筒轴　9.低速滚筒链轮　10.喂入口　11.低速滚筒驱动链轮

图 3-14　同轴差速轴流式脱粒装置

3.4.3 同轴差速脱粒装置理论分析

1.低/高速滚筒杆齿对被脱物打击力 F_{di}

根据动量定理有

$$F_t = \frac{m_i' \lambda v_i \sin\gamma}{(1-f)\cos\alpha} \tag{3-21}$$

式中:m_i'—低/高速滚筒单位时间内作物的进入量,kg/s;

$\quad\quad \lambda$—被脱物圆周速度修正系数;

$\quad\quad v_i$—低/高速滚筒的圆周速度,m/s;

$\quad\quad \gamma$—滚筒盖导向板螺旋角,(°);

$\quad\quad f$—搓擦系数;

$\quad\quad \alpha$—作物与导向板摩擦角,(°)。

高速滚筒的圆周速度是低速滚筒的 k 倍,打击力也相应增大,有利于难脱籽粒脱下和未分离混合物分离,从而减少未脱尽损失和夹带损失。

2.被脱物单位质量在脱粒装置中所受到的离心力 F_{li}

单位质量在低/高速滚筒中所受到的离心力分别可由下式求得。

$$F_{li} = \omega_{wi}^2 R \tag{3-22}$$

单位质量在低/高速滚筒中所受到的离心力之差

$$\Delta F_{li} = R(\omega_{w2}^2 - \omega_{w1}^2) \tag{3-23}$$

式中:R—脱粒滚筒半径,m;

$\quad\quad \omega_{w1}$—被脱物单位质量在低速滚筒角速度,1/s,$\omega_{w1} = \lambda\omega_1$;

$\quad\quad \omega_{w2}$—被脱物单位质量在高速滚筒角速度,1/s,$\omega_{w2} = \lambda\omega_2$;

$\quad\quad \omega_1$—低速滚筒角速度,1/s;

$\quad\quad \omega_2$—高速滚筒角速度,1/s。

3.4.4 杆齿式轴流差速滚筒高、低速段的功率消耗

当作物连续均匀喂入时,低/高速滚筒消耗功率 N_i 可分别由式(3-24)求得,整个差速滚筒功率消耗为两者之和。

$$N_i = N_{0i} + N_{ti} = A\omega_i + B\omega_i^3 + \xi\frac{q_i v_i^2}{1-f} \tag{3-24}$$

式中:N_{0i} —低/高速滚筒空载功率,kW;

N_{ti} — 低/高速滚筒脱粒功率,kW;

A —轴承摩擦引起的阻力系数,$A = (0.2 \sim 0.3) \times 10^{-3}$;

B —空气阻力引起的阻力系数,$B = (0.48 \sim 0.68) \times 10^{-6}$;

ω_i —低/高速滚筒角速度,$1/s$;

ξ —作物为弹性体修正系数;

q_i —低/高速滚筒作物进入量,kg/s;

v_i —低/高速滚筒圆周速度,m/s;

f — 作物通过脱粒间隙时的综合搓擦系数。

从式(3-24)可知,脱粒功率消耗 N_{ti} 和滚筒圆周速度 v_i 的平方成正比。虽然高速滚筒圆周速度 v_2 是低速滚筒圆周速度 v_1 的 k 倍,但由于作物已经过低速滚筒加工,故功耗并未增大。据测定,当喂入量 $q = 1.8$ kg/s 时,脱粒总功耗为 13.33 kW,低速滚筒平均功耗占脱粒分离总功耗的 59.3%,高速滚筒平均功耗占脱粒分离总功耗的 40.7%。

3.4.5 不同脱出物在差速与单速脱粒装置中轴向分布数学模型

1.试验条件和测定结果(喂入量 $q = 1.8$ kg/s)

试验水稻品种为协优 9308,植株自然高度 1.2 m,单产 7 500 kg/hm²,籽粒含水率26.8%,茎秆含水率 67.2%。取样盘 1 000 mm×1 000 mm,沿滚筒轴向分布为 6 格,低速段 4 格,高速段 2 格,每格 167 mm;取样盘另一边也六格等分,脱出物经栅格式凹板分离后全部由取样框接取。试验在额定喂入量 1.8 kg/s 下进行。收集低速段 4 格、高速段 2 格中的混合物并按籽粒等各成分分别整理数据,试验重复 3 次取均值。采用 3 次样条插值法,得到了脱出混合物、籽粒、杂质、破碎籽粒、破碎率和含杂率等轴向分布如图 3-15(a)~(f)所示。差速滚筒转速低速 $n_1 = 625$ r/min,高速 $n_2 = 900$ r/min;单速滚筒外径和长度与差速滚筒外径和总长度相同,单速滚筒转速 $n = 850$ r/min。

2.两种脱粒滚筒的脱出物分布数学模型

用 MATLAB 离散余弦傅氏分析法分别建立了分布曲线的数学模型如式

(3-25)至式(3-35),并依此绘制了分布模型图(图 3-15(a)～(f))。

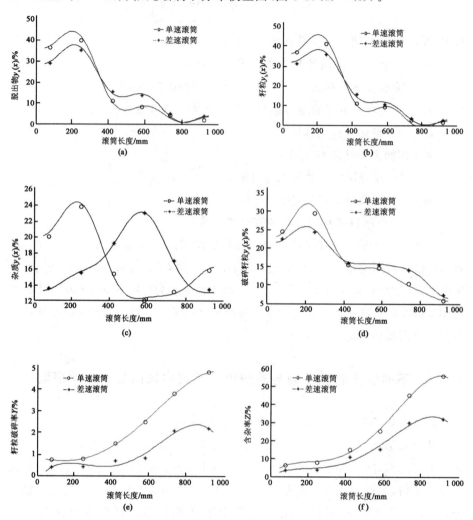

图 3-15　脱出物及其各成分轴向分布

(1)脱出物轴向分布模型

差速滚筒为

$$y_a(x) = y_{a0} + A_{a1}\cos\left(\frac{2\pi x}{\lambda} - \alpha_{a1}\right) + A_{a2}\cos\left(\frac{4\pi x}{\lambda} - \alpha_{a2}\right) -$$

$$A_{a4}\cos\left(\frac{8\pi x}{\lambda} - \alpha_{a4}\right) - A_{a5}\cos\left(\frac{10\pi x}{\lambda} - \alpha_{a5}\right) \quad (3\text{-}25)$$

式中：y_{a0}——理想机优化值；

　　A_i——设计原因影响因子；

　　α_i——制造精度影响因子；

　　λ——操作技术影响因子。

6个实测数据是 28.50%、34.60%、15.34%、13.64%、4.90%、3.02%，测定系数是 0.994 6。

单速滚筒为

$$
\begin{aligned}
y_{a}(x) = {} & y'_{a0} + A'_{a1}\cos\left(\frac{2\pi x}{\lambda} - \alpha'_{a1}\right) + A'_{a2}\cos\left(\frac{4\pi x}{\lambda} - \alpha'_{a2}\right) - \\
& A'_{a4}\cos\left(\frac{8\pi x}{\lambda} - \alpha'_{a4}\right) - A'_{a5}\cos\left(\frac{10\pi x}{\lambda} - \alpha'_{a5}\right) - \\
& A'_{a6}\cos\left(\frac{12\pi x}{\lambda} - \alpha'_{a6}\right)
\end{aligned}
\tag{3-26}
$$

式中：y'_{a0}——理想机优化值；

　　A'_i——设计原因影响因子；

　　α'_i——制造精度影响因子；

　　λ——操作技术影响因子。

6个实测数据是 35.43%、39.40%、10.87%、8.10%、4.10%、2.10%，测定系数是 0.995 7。

(2)籽粒轴向分布模型

差速滚筒为

$$
\begin{aligned}
y_{b}(x) = {} & y_{b0} + A_{b1}\cos\left(\frac{2\pi x}{\lambda} - \alpha_{b1}\right) + A_{b2}\cos\left(\frac{4\pi x}{\lambda} - \alpha_{b2}\right) - \\
& A_{b4}\cos\left(\frac{8\pi x}{\lambda} - \alpha_{b4}\right) - A_{b5}\cos\left(\frac{10\pi x}{\lambda} - \alpha_{b5}\right)
\end{aligned}
\tag{3-27}
$$

6个实测数据是 30.93%、35.73%、15.70%、10.83%、3.73%、3.02%，测定系数是 0.993 8。

单速滚筒为

$$
\begin{aligned}
y_{b}(x) = {} & y'_{b0} + A'_{b1}\cos\left(\frac{2\pi x}{\lambda} - \alpha'_{b1}\right) + A'_{b2}\cos\left(\frac{4\pi x}{\lambda} - \alpha'_{b2}\right) - \\
& A'_{b4}\cos\left(\frac{8\pi x}{\lambda} - \alpha'_{b4}\right) - A'_{b5}\cos\left(\frac{10\pi x}{\lambda} - \alpha'_{b5}\right)
\end{aligned}
\tag{3-28}
$$

6个实测数据是 36.14%、40.50%、10.58%、8.97%、2.50%、1.31%，测定

系数是 0.994 5。

（3）杂质轴向分布模型

差速滚筒为

$$y_c(x) = y_{c0} - A_{c1}\cos\left(\frac{2\pi x}{\lambda} - \alpha_{c1}\right) - A_{c2}\cos\left(\frac{4\pi x}{\lambda} - \alpha_{c2}\right) +$$

$$A_{c3}\cos\left(\frac{6\pi x}{\lambda} - \alpha_{c3}\right) + A_{c4}\cos\left(\frac{8\pi x}{\lambda} - \alpha_{c4}\right) -$$

$$A_{c5}\cos\left(\frac{10\pi x}{\lambda} - \alpha_{c5}\right) \tag{3-29}$$

6 个实测数据是 13.50%、15.44%、18.67%、23.00%、16.50%、12.89%，测定系数是 0.990 4。

单速滚筒为

$$y_c(x) = y'_{c0} + A'_{c1}\cos\left(\frac{2\pi x}{\lambda} - \alpha'_{c1}\right) + A'_{c2}\cos\left(\frac{4\pi x}{\lambda} - \alpha'_{c2}\right) -$$

$$A'_{c3}\cos\left(\frac{6\pi x}{\lambda} - \alpha'_{c3}\right) - A'_{c4}\cos\left(\frac{8\pi x}{\lambda} - \alpha'_{c4}\right) -$$

$$A'_{c5}\cos\left(\frac{10\pi x}{\lambda} - \alpha'_{c5}\right) \tag{3-30}$$

6 个实测数据是 20.00%、23.77%、15.23%、12.10%、13.10%、15.80%，测定系数是 0.992 3。

（4）破碎籽粒轴向分布模型

差速滚筒为

$$y_d(x) = y_{d0} - A_{d1}\cos\left(\frac{2\pi x}{\lambda} - \alpha_{d1}\right) + A_{d3}\cos\left(\frac{6\pi x}{\lambda} - \alpha_{d3}\right) -$$

$$A_{d4}\cos\left(\frac{8\pi x}{\lambda} - \alpha_{d4}\right) - A_{d5}\cos\left(\frac{10\pi x}{\lambda} - \alpha_{d5}\right) -$$

$$A_{d6}\cos\left(\frac{12\pi x}{\lambda} - \alpha_{d6}\right) \tag{3-31}$$

6 个实测数据是 22.40%、24.30%、16.50%、15.50%、14.00%、7.30%，测定系数是 0.996 1。

单速滚筒为

$$y_d(x) = y'_{d0} + A'_{d1}\cos\left(\frac{2\pi x}{\lambda} - \alpha'_{d1}\right) + A'_{d2}\cos\left(\frac{4\pi x}{\lambda} - \alpha'_{d2}\right) -$$

$$A'_{d4}\cos\left(\frac{8\pi x}{\lambda}-\alpha'_{d4}\right)-A'_{d5}\cos\left(\frac{10\pi x}{\lambda}-\alpha'_{d5}\right)-$$

$$A'_{d6}\cos\left(\frac{12\pi x}{\lambda}-\alpha'_{d6}\right) \tag{3-32}$$

6 个实测数据是 24.40％、29.34％、15.50％、14.50％、10.40％、5.80％,测定系数是 0.993 5。

(5)籽粒破碎率轴向分布模型

差速滚筒为

$$Y(x)=a_y x^4+b_y x^3+c_y x^2+d_y x+e_y \tag{3-33}$$

6 个实测数据是 0.42％、0.44％、0.70％、0.83％、2.10％、2.20％,测定系数是 0.964 7。

单速滚筒为

$$Y(x)=a'_y x^4+b'_y x^3+c'_y x^2+d'_y x+e'_y \tag{3-34}$$

6 个实测数据是 0.74％、0.79％、1.50％、2.51％、3.80％、4.80％,测定系数是 0.999 7。

(6)含杂率轴向分布模型

差速滚筒为

$$Z(x)=a_z x^4+b_z x^3+c_z x^2+d_z x+e_z \tag{3-35}$$

6 个实测数据是 3.70％、3.90％、11.00％、15.00％、30.00％、32.10％,测定系数是 0.981 7。

单速滚筒为

$$Z(x)=a'_z x^4+b'_z x^3+c'_z x^2+d'_z x+e'_z \tag{3-36}$$

6 个实测数据是 6.50％、8.10％、15.00％、25.50％、45.10％、55.80％,测定系数是 0.997 9。

3.4.6 分布试验结果分析

1.脱出物轴向分布

如图 3-15(a)所示,滚筒转速 n 对脱出物的数量影响明显,特别是谷物进入脱粒滚筒 0～334 mm 内,单速滚筒的脱出物为 74.83％(该段 2 个测定点之和,下同),差速滚筒是 63.1％,是差速滚筒的 1.19 倍;差速滚筒和单速滚筒在 0～

667 mm 内,已脱下并分离出大部分脱出物,前者占 92.08%,后者占 93.8%;差速滚筒脱出物的分布曲线随轴向变化比单速滚筒的平缓,脱出物在筛面分布相对均匀。

2. 籽粒轴向分布

如图 3-15(b)所示,其变化规律与图 3-15(a)脱出物分布规律相似。差速滚筒占66.66%、单速滚筒占76.64%的籽粒已在轴流滚筒入口后的 0～334 mm 内脱下;在 0～667 mm 内,差速滚筒已脱下 93.24% 籽粒,单速滚筒已脱下96.19%;差速滚筒脱出物的分布曲线随轴向变化比单速滚筒的平缓,籽粒在筛面分布相对均匀。

3. 杂质轴向分布

如图 3-15(c)所示,差速滚筒杂质出现最多的地方在滚筒轴向 334～667 mm,占41.67%,而单速滚筒却在 0～334 mm,占43.77%;在 667～1 000 mm,差速滚筒由于转速高(900 r/min),杂质占 29.39%;杂质峰值比单速滚筒的后移 336 mm,有利于籽粒分离。

4. 破碎籽粒轴向分布

如图 3-15(d)所示,差速滚筒和单速滚筒的破碎籽粒测定最大值出现在籽粒峰值附近(图 3-15(b)),分别占破碎籽粒的 24.3% 和 29.34%;在 667～1 000 mm 范围,由于差速滚筒转速高,破碎籽粒的比例比单速滚筒高,但由于在这个范围内籽粒已很少,故对整体影响不大。

5. 籽粒破碎率轴向分布

如图 3-15(e)所示,其变化规律与破碎籽粒分布规律(图 3-15(d))相反,如在滚筒 0～334 mm,差速滚筒 2 个测点产生的破碎籽粒分别占破碎籽粒总数的22.40% 和 24.30%(图 3-15(d)),相同测点的籽粒分别占籽粒总数的30.93% 和 35.73%(图 3-15(b));单速滚筒该段 2 个测点产生的破碎籽粒总数的 24.40% 和 29.34%(图 3-15(d)),相同测点的籽粒分别占籽粒总数的36.14% 和 40.50%(图 3-15(b))。而该段两测点的破碎率,差速滚筒分别为0.42% 和 0.44%;单速滚筒分别为 0.74% 和 0.79%。虽破碎粒多,但由于该段脱下的籽粒数多,故破碎率低,而在 667～1 000 mm 情况则相反,这是由于该段籽粒数很少;667～1 000 mm 段两个测点破碎率差速滚筒为 2.1% 和 2.2%,但仍只占单速滚筒(3.8% 和 4.8%)的 1/2 左右,原因可能是单速滚筒的破碎籽粒在中间段(334～667 mm)未分离而在此段分离。由于单速滚筒转速高,破碎率一路走高。

6.含杂率轴向分布

如图 3-15(f)所示,含杂率在 0～667 mm 段,单速滚筒轴向各处都比差速滚筒高,说明高转速产生的杂质多。在 667～1 000 mm,差速滚筒转速(900 r/min)高于单速滚筒(850 r/min),但由于单速滚筒前部杂质来不及分离造成该段含杂率也高,差速滚筒该段两测点数据分别为 30.00％和 32.10％,单速滚筒相同测点分别为 45.10％和 55.80％。

3.4.7　两种滚筒性能指标测定计算和结果分析

1.损失率 S(表 3-3)

轴流滚筒末段(667～1 000 mm)是能否将籽粒脱下和分离的关键部位,否则将随茎秆排出机外。由于差速滚筒末段为高速段转速(900 r/min),比单速滚筒(850 r/min)高,脱粒强度大,分离彻底。对于试验中排出的茎秆进行了测定,取 3 次平均值,差速滚筒 $S_1=0.76％$,单速滚筒 $S_2=1.12％$,单速滚筒为差速滚筒的 1.47 倍。

2.破碎率 Y(表 3-3)

$$Y = \sum_{i=1}^{n} b_i Y_i \tag{3-37}$$

式中:b_i——各测点的籽粒百分数,％;

Y_i——各测点的籽粒破碎率,％。

经计算,差速滚筒 $Y_1=0.67％$;单速滚筒 $Y_2=1.13％$。

3.含杂率 Z(表 3-3)

$$Z = \sum_{i=1}^{n} a_i Z_i \tag{3-38}$$

式中:a_i——各测点的脱出物百分数,％;

Z_i——各测点的含杂率,％。

经计算,差速滚筒 $Z_1=8.63％$;单速滚筒 $Z_2=12.24％$。

表 3-3　籽粒破碎率、含杂率、损失率比较

装置	破碎率 Y/％	含杂率 Z/％(未清选)	损失率 S/％
差速滚筒	0.67	8.63	0.76
单速滚筒	1.13	12.24	1.12

4.两种滚筒三项性能指标对比分析

(1)差速滚筒破碎籽粒和杂余在脱粒滚筒 0～334 mm 内所产生的数量与滚筒转速成正比,说明滚筒前段对降低破碎籽粒和碎茎秆的效果最为明显。脱出物中各成分的分布曲线显示,差速滚筒比单速滚筒平缓,差速滚筒负荷比较均匀。

(2)差速滚筒低速段的籽粒破碎率为 0.49%,整个脱粒滚筒总破碎率为 0.67%,分别为单速滚筒相同位置的 51% 和 59.1%。差速滚筒总杂余量占脱出物的 8.63%,其中低速段产生的杂余量占脱出物的 6.18%,分别为单速滚筒相同位置的 70.5% 和 67.0%;差速滚筒脱粒后的夹带和未脱净损失率为 0.76%,为单速滚筒的 67.85%。

(3)同轴差速轴流滚筒利用低速脱粒降低了籽粒和茎秆的破碎率,利用高速脱粒降低了脱不净损,其籽粒破碎率、脱出物中含杂率以及脱不净和夹带损失率,分别比单速滚筒下降了 40.9%、29.5% 和 32.15%,且三项性能指标均低于行业标准规定值。

(4)同轴差速轴流滚筒利用高速段的“高速”降低脱不净损失和夹带损失,在不增加滚筒长度的条件下,提高了横置轴流式脱分选系统脱粒分离能力。

图 3-16(彩图 3-16)为同轴差速轴流滚筒联合收获机田间试验。

图 3-16　同轴差速轴流滚筒联合收获机田间试验

3.5　非均布气流清选装置

在稻麦联合收割机上广泛应用由离心式风扇和振动筛构成的清选装置即风筛式清选装置,其功能是将混杂在籽粒中的各种杂质清除出机外以保收获的籽粒清洁度。横置轴流式稻麦联合收割机作业时,由于输送槽偏置,作物从轴流滚筒一端切向进入后,绝大部分以籽粒为主的脱出物在滚筒前端脱粒分离,堆集在振动筛前右角,导致振动筛前部脱出物初始分布不均匀,不但使振动筛偏负荷工作且影响清选质量。传统的离心式风扇直径沿风扇轴线方向相等,风扇叶片母线所形成的轨迹为圆柱形,在整个出风口宽度内,同一水平线上的纵向风速基本一致称之为均布气流。为克服上述弊端、均布由脱粒滚筒分离下落的脱出物,设计了圆锥形叶轮离心式风扇(风扇叶片母线所形成的轨迹为圆锥形),意在利用圆锥形叶轮锥体两端的直径差所产生的风压差,引发横向气流,将脱出物从多的部位沿风扇轴向吹至脱出物少的部位,在脱出物分离下落过程中均布物料,改善脱出物在振动筛前部沿横向初始分布,提高清选质量。

3.5.1　理论分析

1. 欧拉方程

圆锥形离心风扇的叶轮在外动力驱动下高速旋转,从进风口进入叶轮的空气和叶轮一起旋转,在离心力作用下被排出机壳。外界的机械功理论上使每立方米空气获得的能量 p_e(压力)由欧拉方程求得:

$$p_e = \frac{\gamma}{g} v_2 u_2 \cos\alpha_2 \tag{3-39}$$

式中:γ —空气容重,N/m³,取 11.77;

　　　g —重力加速度,m/s²,取 9.8;

　　　v_2 —空气离开叶轮时绝对速度,m/s;

　　　u_2 —叶轮外圆切线速度,m/s;

　　　α_2 —绝对速度 v_2 和外圆切线速度 u_2 之夹角,(°)。

由于气流通过风扇时产生涡流对叶片冲击和摩擦等引起了能量损失,每立方米空气实际所获的能量

$$p = \eta p_e = \frac{\eta\gamma}{g} v_2 u_2 \cos\alpha_2 = \frac{\eta\gamma}{g} v_2 R\omega \cos\alpha_2 \tag{3-40}$$

式中:η —风机效率 $\eta = 0.45 \sim 0.6$,取 $\eta = 0.5$;

　　　R —叶轮半径,m,参考圆柱形叶轮,取大端 $R_1 = 0.16$,小端 $R_2 = 0.14$;

　　　ω —叶轮角速度,1/s,$\omega = 130$。

2.圆锥风扇能量方程式

$$\Delta p = \frac{\gamma}{g}(v_{21}u_{21}\cos\alpha_{21} - v_{22}u_{22}\cos\alpha_{22}) \tag{3-41}$$

式中：Δp —叶轮大小端能量（压力）之差，Pa；

　　　v_{21}，v_{22} —空气离开叶轮大小端时绝对速度，m/s；

　　　u_{21}，u_{22} —叶轮大小端外圆切线速度，m/s；

　　　α_{21}，α_{22} —叶轮大小端绝对速度 v_{21}、v_{22} 分别和外圆切线速度 u_{21}、u_{22} 之夹角，(°)。

空气离开叶轮时绝对速度，实测大端 $v_{21} = 18.3$ m/s，小端 $v_{22} = 17.2$ m/s。叶轮外圆切线速度，大端 $u_{21} = R_1\omega = 20.8$ m/s，小端 $u_{22} = R_2\omega = 18.2$ m/s。

如图 3-17 所示，在速度三角形 u_2Ov_2 中，已知 v_2、u_2 和 β_2（结构角，$\beta_2 = 60°$）可求得 ϕ_2：

$$\sin\phi_2 = \frac{u_2\sin\beta_2}{v_2}$$

$$\phi_2 = \arcsin\frac{u_2\sin\beta_2}{v_2} \tag{3-42}$$

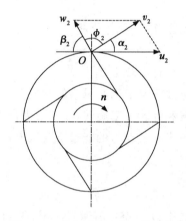

将 v_{21}，v_{22}，u_{21}，u_{22} 值代入式(3-42)，可求得叶轮大小端的 ϕ_{21}，ϕ_{22}，进而可求得叶轮大小端的 $\alpha_{21} = 42.18°$，$\alpha_{22} = 54.50°$，将以上数据代入式(3-41)得 $\Delta p = 62.03$ Pa。

图 3-17　清选风扇叶轮工作示意图
（β_2 结构角，w_2 叶片表面气流速度）

3.横向风速 v_b

假设圆锥形风扇大小端能量差 Δp 的 1/4(15.09 Pa)转换为动压 Δp_d 并由大端向小端（高压端流向低压端）传递，压力差产生的横向风速 v_b 可由下式计算。

$$\Delta p_d = \frac{1}{4}\Delta p = \frac{\gamma}{2g}v_b^2$$

$$v_b = \sqrt{\frac{2g\Delta p_d}{\gamma}} \tag{3-43}$$

代入数据可得 $v_b = 5.01$ m/s，即由于叶轮大小端所形成的风压差 Δp 最大可产生 5.01 m/s 的横向风速。

4.图解分析

在没有流场干扰影响的情况下,横向风速也可理解为出口风速的分速度。因出口风速与叶轮叶片母线垂直,圆锥形叶轮叶片出口平均风速 v 的方向与纵向存在偏角,故可以分解为纵向风速 v_a(用于清选物料)和横向风速 v_b(用于均布物料),如图 3-18 所示。

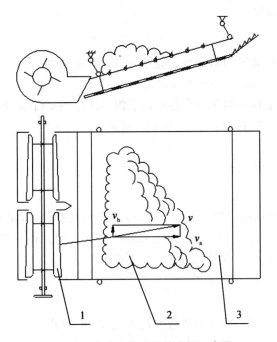

图 3-18　非均布气流风速分解示意图
1.圆锥形离心风扇　2.脱出混合物　3.振动筛

3.5.2　圆锥形清选风扇设计

1.工作参数确定

计算离心式清选风扇的原始参数是空气的流量 Q、全压 p 和出口平均风速 $\bar{v}$。流量 Q 根据联合收割机清选过程中需清除的杂质数量 q_1 确定并与之成正比。出口平均风速 $\bar{v}$ 根据被清除杂质的空气动力学特性确定。

(1)空气流量 Q

$$Q = \frac{q_1}{\mu\rho} = \frac{q\varepsilon}{\mu\rho} \qquad (3\text{-}44)$$

式中:q—喂入量,kg/s,取 $q=2$;

　　ε—杂质含量,%,经测定 $\varepsilon=5\sim15$,取 $\varepsilon=10$;

　　ρ—空气密度,kg/m³,取 $\rho=1.20$;

　　μ—含杂质气流的质量比,$\mu=0.2\sim0.3$,取 $\mu=0.22$。

代入数据可得 $Q=0.76$ m³/s。

(2)出口平均风速

$$\bar{v}=\alpha v_p \tag{3-45}$$

式中:v_p—杂质中某种物料的飘浮速度,m/s,稻麦颖壳 $v_p=0.6\sim5.0$,短茎秆

　　(<10 cm)$v_p=5.0\sim6.0$,取 $v_p=4$;

　　α—系数,出口平均风速应是轻杂质飘浮速度的 α 倍,$\alpha>1$,对于颖壳 $\alpha=$

　　$1.9\sim3.9$,谷糠 $\alpha=2.5\sim5.0$,取 $\alpha=3$。

代入数据可得 $\bar{v}=\alpha v_p=12$ m/s。

(3)清选风扇全压 p

$$p=p_s+p_d \tag{3-46}$$

静压 p_s 用于克服流动中各种阻力,对于联合收割机,双清选筛 $p_s=196\sim$ 247 Pa,取 $p_s=200$;p_d 为动压,为气流运动提供动能。在一定条件下,如空气流道截面变小时,p_s 可以转化为 p_d,反之也一样。

$$p_d=\gamma\frac{v^2}{2g} \tag{3-47}$$

代入数据可得 $p_d=86.47$ Pa,将数据代入式(3-46)可得:

$$p=p_s+p_d=286.47 \text{ Pa}$$

2.结构参数

风扇采用并联结构,两个单体风扇的外壳距离取 90 mm,设圆锥形叶轮大端外径为 D_{21},小端叶轮的外径为 D_{22},叶轮内径(叶片内侧至轴心的距离)为 D_1,大小端相同。根据文献,可求得各部结构参数如表 3-4 所示。

表 3-4　结构参数计算表

参数	公式	取值
叶轮大端外径 D_{21}/m	$0.3\sim0.5$	0.32
叶轮圆锥角 ϕ/(°)	$2\arctan\left(\dfrac{v_2}{v_1}\times10^{-1}\right)$	2.3
风扇组宽 B/m	与振动筛等宽	1

参数	公式	取值
叶轮小端外径 D_{22}/m	$D_{21}-2B\tan\dfrac{\phi}{2}$	0.28
进风口直径 D/m	$(0.65\sim0.8)D_{21}$	0.25
叶轮内径 D_1/m	$(0.35\sim0.5)D_{21}$	0.17
单体风机壳宽度 B_k/m	$\leqslant1.5D_{21}$	0.43
出风口高度 h/m	$(0.35\sim0.45)D_{21}$	0.15
叶片根部后倾角 $\alpha_1/(°)$	$20\sim30$	30
顶部后倾角 $\alpha_2/(°)$	10	10
外壳形状	阿基米德细线,中心方边长 $l=\dfrac{h}{4}$	

3.5.3 非均布与均布气流筛面风速测定和流场仿真

1.上筛面风速分布测定

风速测定在无物料状态下进行,使用仪器为 AVM-01 型风速仪,图 3-19 和图 3-20 中数据为 3 次测定的平均值。

2.纵向风速 v_a 分析

(1)圆锥形风扇,振动筛前部(图 3-19a)、中部(图 3-19b),在筛宽方向上,中部的风速比两侧的大,正好满足筛面中部混合物较多时清选需要。而尾部(图 3-19c)风速低则可防止籽粒被吹出机外。

(2)圆柱形风扇,前部风速尚可(图 3-19a),尾部风速太大(4.2 m/s,图 3-19c),易引起损失。

3.横向风速 v_b 分析

(1)圆锥形风扇在振动筛前部的横向风速,从叶轮大端的 $v_b=2.6$ m/s 沿筛宽向叶轮的小端逐渐下降,说明在脱出物分离下落最多的部位横向风速最大,可实现脱出物前部筛面均布(图 3-20a)。圆锥形风扇在筛面中部的横向风速约 2.0 m/s,说明横向风速在筛面中部继续将脱出物从多向少的部位均布(图 3-20b)。

(2)圆柱形风扇在筛面前部的横向风速,沿筛宽方向数值从 1.1 m/s 渐升至 1.4 m/s,脱出物多的部位横向风速反而比脱出物少的部位小,无均布作用(图 3-20a)。圆柱形风扇在筛面中部,脱出物多的一端平均横向风速 1.4 m/s,稍有均布作用,由于此处大部籽粒已通过振动筛下落,均布意义不大(图 3-20b)。

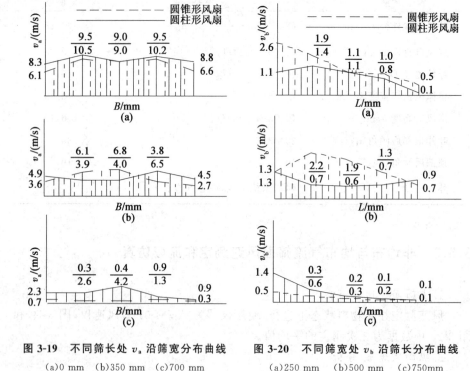

图 3-19　不同筛长处 v_a 沿筛宽分布曲线　　图 3-20　不同筛宽处 v_b 沿筛长分布曲线
(a)0 mm　(b)350 mm　(c)700 mm　　　　(a)250 mm　(b)500 mm　(c)750mm

4.筛面流场仿真

为验证横向风速实际工况,用 CFdesign 软件进行了纵向风速 v_a 筛面流场和横向风速 v_b 筛面流场(图 3-21,彩图 3-21)仿真分析。图 3-21(右)仿真显示,筛面上 0.5～2.6 m/s 的横向风速 v_b 使筛面气流呈现"弯曲"状态(两风扇连接处最明显)。

3.5.4　非均布与均布气流筛面物料分布测定分析

物料分布测定在清选风扇工作而振动筛停止工作状态进行,试验物料粳稻含水率籽粒为 25.1%,茎秆为 58.4%,物料取样盘按振动筛倾角放置在振动筛位置上,测定结果实况如图 3-22 所示,Pro/E 数值模拟如图 3-23 和图 3-24 所示。

在清选风扇的作用下,大部分物料下落在取样格的 2～3 排(距振动筛前端

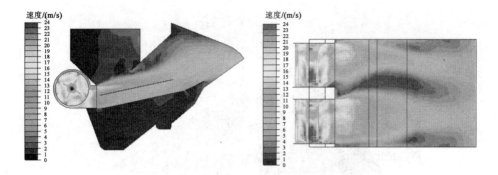

图 3-21　纵向风速 v_a 筛面流场（左）和横向风速 v_b 筛面流场（右）

图 3-22　圆锥形风扇脱出物分布状态（左）和圆柱形风扇脱出物分布状态（右）

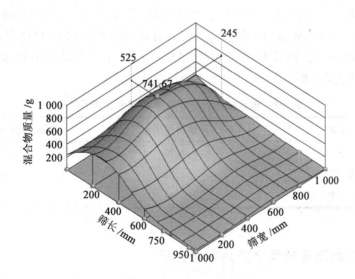

图 3-23　圆锥形风扇脱出物分布数值模拟

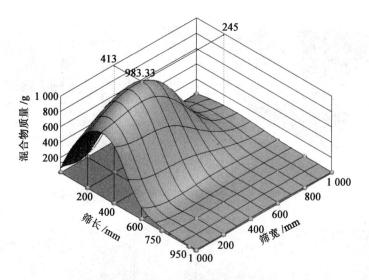

图 3-24　圆柱形风扇脱出物分布数值模拟

165～495 mm），其宽度在取样格的 1～5 列（从喂料入口至 825 mm 宽），约 0.272 m² 面积上，其物料分别占总下落物料的 65.38%（圆锥形风扇）和 81.35%（圆柱形风扇）。物料最多处，圆柱形风扇发生在第 2 排第 3 列的格子中，以格子中心表示为筛宽方向 413 mm，筛长方向 245 mm 处，混合物质量为 983.33 g；圆锥形风扇发生在第 2 排第 4 列，筛宽方向 525 mm，筛长方向 245 mm 处，混合物质量为 741.67 g。经计算，筛面（取样格）5 块面积（同列前后方向 2 格计一块，面积为 0.33 m×0.165 m）混合物质量的平均值、标准差和变异系数如表 3-5 所示。

表 3-5　物料分布的平均值、标准差和变异系数

参数	圆锥形风扇	圆柱形风扇
平均值/g	971.15	1 207.2
标准差/g	194.24	543.69
变异系数/%	20	45

3.5.5　圆锥形清选风扇应用效果分析

横置轴流式脱粒分离装置的脱出物分离在振动筛面上初始分布不均匀影

响清选质量,利用非均布气流清选能弥补其不足。理论分析表明,风扇叶轮大端与小端的压力差可产生了一定的横向风速,当圆锥角为 2.3°时,所产生的压力差(Δp＝62.03 Pa)能形成最大为5.07 m/s的横向风速。对振动筛上筛面的风速测定表明,圆锥形风扇(图 3-25)在筛面前部即下落物料最多的部位(物料喂入口处)横向风速达到 2.6 m/s,在筛面中部达到 1.9～2.2 m/s,均大于圆柱形风扇的数值,说明圆锥形风扇的压力差确实转换成了横向风速。在筛面上脱出物的主下落区,圆柱形风扇占总脱出物的81.35％;圆锥形风扇仅占 65.38％,说明筛面前部初始分布较均匀。

图 3-25 为圆锥形风扇三维模型。

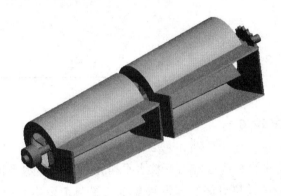

图 3-25　圆锥形风扇三维模型

3.6　杂余复脱装置

轴流式脱分装置脱出物中碎茎秆多,杂余(包括未脱净的小穗)含量高,在清选过程中由于体积较大,从尾筛落入籽粒水平搅龙随之进入粮箱,使籽粒含杂率高达 5％～7％,达不到≤2％的行标要求。解决含杂率高的最有效办法是将杂余进行复脱后再清选回收籽粒,其核心部件是复脱器。

3.6.1　杂余占比及构成分析

对回收的杂余成分进行取样分析。取样水稻品种为协优 9308 超级稻(晚稻),植株高度 1.31 m,自然高度 1.13 m,籽粒含水量 26.4％,茎秆含水量64.7％。喂入长度约 0.80 m,经轴流滚筒脱粒分离,脱出混合物占喂入量的

50%～55%。在脱出混合物中,纯籽粒占90.8%,其余9.2%为含有小穗头、短茎秆、碎茎叶、颖壳和粉状物的杂余。经测定,杂余的单位容积质量 $\gamma = 192.58\ \text{kg/m}^3$,复脱物料构成见表3-6。

表3-6　复脱物料取样及成分

样品	容积 /m³	质量 /kg	复脱物料成分		
			短茎秆%	小穗及籽粒/%	碎茎叶、颖壳、粉状物/%
1	0.015 2	2.24	48.3	30.2	21.5
2	0.012 1	2.78	20.7	70.5	8.8
3	0.014 2	2.36	40.7	45.5	13.8
4	0.013 5	2.91	22.5	66.4	10.9
5	0.013 8	2.96	12.3	76.1	11.6
平均	0.014	2.65	28.9	57.74	13.32

3.6.2　复脱系统设计

在联合收割机脱粒清选室的籽粒水平搅龙后面设置水平搅龙和垂直搅龙用以回收杂余。在脱粒滚筒后部设置复脱装置与杂余垂直搅龙的出口相接。从尾筛下落的复脱物料(杂余)由杂余水平搅龙收集后,经杂余垂直搅龙送进复脱装置进行复脱。经复脱的杂余中的籽粒和碎叶等在离心力作用下通过复脱器凹板重回振动筛,而较大的茎叶等从排茎口排入振动筛,籽粒经二次清选后收入粮箱,较大的茎叶排出。复脱系统如图3-26所示。

1.螺旋板齿式复脱器设计计算

由于待复脱物料主要是 10 cm 左右的短茎秆和小穗头,因此必须重新将短茎秆粉碎、将小穗头脱粒并使其沿清选筛整个幅宽内分离,故其工作机构为由复脱滚筒和凹板筛组成的小型轴流式脱粒分离装置。为防止短茎秆经复脱后堵塞分离筛,在其凹板的末端开设排茎口。由于小穗上籽粒和粒柄连结力大,需采用接触面宽、打击强度大的板齿作复脱元件,且板齿在滚筒体上应呈螺旋线排列,以促进物料轴向移动。凹板采用栅格式,使物料能在凹板横向隔板的作用下得以翻转、揉搓获得充分脱粒并快速分离,以减少籽粒破碎。因此,复脱器为一封闭式结构,由复脱滚筒、凹板筛和上罩壳组成。由于复脱物料在复脱滚筒一端径向喂入,为避免喂入处堵塞,需设计螺旋叶片以促进物料轴向移动。

因此,复脱滚筒由螺旋叶片、复脱板齿和排草板三段构成,栅格凹板由纵、横向隔板和钢丝构成,如图 3-27 所示。

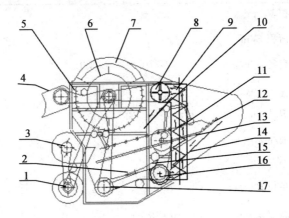

图 3-26　复脱系统结构

1.传动轴　2.调节螺栓　3.清选风扇　4.输送槽　5.栅格凹板　6.脱粒滚筒　7.导向板

8.复脱器　9.杂余垂直搅龙　10.滑板　11.上筛　12.尾筛　13.下筛　14.杂余回收滑板

15.籽粒收集滑板　16.杂余水平搅龙　17.籽粒水平搅龙

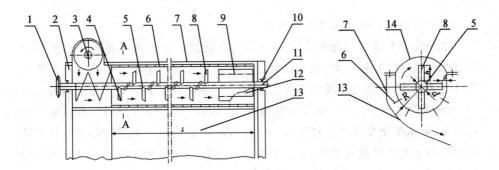

图 3-27　螺旋板齿式复脱装置示意图(俯视,右侧 A—A 剖视图)

1.驱动链轮　2.机架　3.杂余垂直搅龙　4.螺旋叶片　5.复脱滚筒　6.栅格凹板　7.下机壳

8.板齿　9.排草板　10.滚动轴承　11.轴　12.排茎口　13.滑板　14.上罩壳

根据复脱器设计方案,取复脱滚筒与脱粒室等宽,以 4LZ-1.8 联合收割机为例,复脱滚筒长度为 1 200 mm,其中喂入段 240 mm,复脱段 760 mm,排茎段 200 mm。复脱凹板位于脱粒段与排茎段下方,凹板长 $L = 760 + 200 = 960$ mm。取凹板包角 $\beta = 240°$。各参数计算见表 3-7。

表 3-7 复脱器结构参数和工作参数

参数	公式	取值
复脱器有效容积 V/ m^3	表 3-6	0.014
复脱凹板有效面积 S/m^2	$S=\dfrac{V}{L}$	0.014 58
复脱滚筒筒体直径 d/mm	$d=(0.02\sim0.03)L$	25
半径 r/mm		12.5
凹板圆弧半径 R_a/mm	$R_a=\sqrt{\dfrac{S}{\pi}+r^2}$	75
复脱滚筒半径 R/mm （凹板间隙 $\delta=12.5$）	$R=R_a-\delta$	62.5
复脱滚筒平均半径 $\bar{R}$ /mm	$\bar{R}=\dfrac{R+r}{2}$	37.5
复脱滚筒板齿高度 h/mm	$h=R-r$	50
板齿螺旋线螺距 t/mm	$t=(0.7\sim1.0)D$	100
复脱滚筒转速 n_3/(r/min)	$n_3=\dfrac{60v}{2\pi R}$ 取 $v=10$ m/s	1 528

2.杂余回收和输送装置设计计算

水平搅龙和垂直搅龙是杂余回收和输送装置。杂余水平搅龙的功能是收集、输送待复脱物料(杂余)经垂直杂余搅龙到复脱器。杂余水平搅龙由连续的螺旋叶片构成,长度与复脱器长度 L 相等。即螺旋外径 $D=125$ mm,内径 $d=25$ mm,螺距 $t=100$ mm,螺旋叶片高度 50 mm,平均半径均为 $\bar{R}$。参考水平籽粒搅龙,取水平杂余搅龙的转速 $n_1=500$ r/min;垂直杂余搅龙除高度外其他结构参数与杂余水平搅龙相同,由于它的输送量仅为水平搅龙的 0.46 倍(倾斜输送系数 $C_2=0.46$),故垂直杂余搅龙的转速

$$n_2=n_1/C_2=1\ 087\ \text{r/min}$$

3.6.3 复脱系统物料轴向移动速度分析计算

1.水平搅龙 v_1

$$v_1=\frac{tn_1}{60}\cos^2\alpha(1-f\tan\alpha)\tag{3-48}$$

式中:α —螺旋角,即螺旋面法线与转轴的夹角,取螺旋面平均半径 $\overline{R}$ 处法线与轴线夹角(°),

$$\alpha = \tan^{-1}\frac{t}{2\pi\overline{R}} \tag{3-49}$$

将表 3-7 中相关数据代入式(3-49),α＝23°;

f —物料与螺旋面的摩擦系数,取 $f = \tan\varphi = \tan17° = 0.31$(φ 为物料与螺旋面的摩擦角,水稻 $\varphi = 17°41'$,小麦 $\varphi = 16°35'$,取 $\varphi = 17°$)。

将上式以数据代入式(3-48),可得 $v_1 = 0.61$ m/s。

2.垂直搅龙 v_2

$$v_2 = \frac{2\overline{R}\pi}{60}(n_2 - n_k)\frac{\sin2\alpha}{2} \tag{3-50}$$

式中:n_2 —搅龙实际转速,r/min,$n_2 = 1\,087$;

n_k —搅龙临界转速,即物料无轴向移动时转速,r/min。

$$n_k = 30 \times \sqrt{\frac{\tan(\alpha + \varphi)}{R_a\mu}} \tag{3-51}$$

式中:μ —物料与搅龙筒体摩擦系数,$\mu = f = 0.31$。

将相关数据代入式(3-51),得 $n_k = 255$ r/min,代入式(3-50)得 $v_2 = 1.17$ m/s。

3.复脱器 v_3

由于复脱器为水平配置,物料入口处螺旋叶片的结构参数与杂余水平搅龙相同,板齿与螺旋叶片等高、螺距 t 相同,求 v_3 时可将 $n_3 = 1\,528$ r/min 替换 n_1 代入式(3-48)可求得 $v_3 = 1.88$ m/s。

$v_3 > v_2 > v_1$,物料可顺利从水平搅龙经垂直搅龙送入复脱装置进行复脱。碎茎叶可顺利送往排茎口排出。籽粒可沿复脱器整个长度内分布并在离心力作用下从凹板筛分离到清选筛上二次清选。

3.6.4　复脱系统输送量计算

1.水平搅龙输送量 Q_1

$$Q_1 = \frac{\pi}{24}\left[(D - 2\delta)^2 - d^2\right]\Psi tn_1\gamma C_1 \times 10^{-10} \tag{3-52}$$

式中:δ —复脱滚筒板齿与凹板筛的间隙,取 12.5 mm;

Ψ —输送杂余的充满系数,取 $\Psi = 0.3$;

C_1 —倾斜输送系数,水平搅龙 $C_1 = 1.0$。

将有关数据代入式(3-52),$Q_1 = 0.35$ kg/s。

2. 垂直搅龙输送量 Q_2

以 n_2 和 $C_2 = 0.46$ 代替 n_1 和 $C_1 = 1$,$n_2 C_2 / n_1 C_1 = 1.01$,将以上数据代入式(3-52),得

$$Q_2 = 1.01 Q_1 = 0.36 \text{ kg/s}$$

3. 复脱器输送量 Q_3

因复脱器入口处为螺旋叶片,其后为呈螺旋线排列的板齿式桨叶,按水平搅龙进行计算,即 $C_3 = C_1 = 1$,用 n_3 代替 n_1 可求得 Q_3。因 $n_3/n_1 = 1\,528/500 = 3.06$,故有

$$Q_3 = 3.06 Q_1 = 1.07 \text{ kg/s}$$

根据输送量计算可看出,$Q_3 > Q_2 > Q_1 > Q$,Q 为单位时间杂余量;如前所述为喂入量(1.8~2.0 kg/s)的 9.2%,即 $Q = 0.17 \sim 0.18$ kg/s,故复脱系统几个部件均可满足杂余回收、输送和复脱的要求。同时,复脱器在工作过程中边复脱边分离,因此不会产生堵塞。

3.6.5 实验研究和性能测定

1. 复脱前后物料性状变化及复脱效果

经取样测定,杂余经复脱后性状变化如图 3-28 所示,其表征效果如图 3-29 所示。

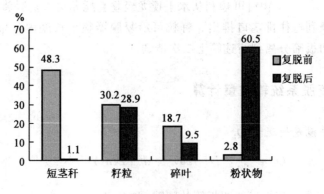

图 3-28 复脱前后物料性状变化

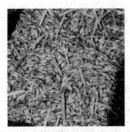 

a. 未经复脱籽粒　　　　　　b. 经复脱籽粒

图 3-29　复脱前后籽粒对比

2. 田间性能测定(表 3-8)

表 3-8　水稻收割性能检测

检测项目	总损失率/%	含杂率/%	破碎率/%	试验条件
标准要求	≤3.0	≤2.0	≤1.0	黄熟,单产 5 420 kg/hm²,自然高度 718 mm,实测喂入量 1.82 kg/s,籽粒含水率 23.0%。
检测结果	1.48	0.64	0.45	

3.6.6　复脱系统应用效果分析

以标准喂入量下杂余单位时间的产生量和杂余成分构成为依据,设计的复脱系统的结构参数和工作参数可行;轴向移动速度 $v_3 > v_2 > v_1$ 说明整个复脱系统工作顺畅;输送、处理量 $Q_3 > Q_2 > Q_1 > Q$,说明复脱系统的处理量可满足标准工况下所产生的杂余量 Q 的处理要求;杂余在复脱前后性状变化较明显,复脱效果显著,螺旋板齿式复脱系统的应用使籽粒含杂率从无复脱系统的 7% 下降到 ≤2%。

图 3-30 为螺旋板齿式复脱装置三维模型。

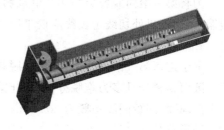

图 3-30　螺旋板齿式复脱装置三维模型

3.7 双滚筒脱粒装置

小型全喂入联合收割机脱粒装置一般为横置轴流式,脱粒滚筒有效工作长度不足800 mm,喂入量 1.0～1.5 kg/s。由于受结构限制,脱粒滚筒有效工作长度和凹板分离面积不足,存在着脱粒分离不净和夹带损失大等问题,而增加脱粒滚筒有效工作长度则受到整机宽度限制。双滚筒脱粒装置能增加脱粒滚筒有效工作长和凹板分离面积,是解决上述问题的有效途径。

3.7.1 双滚筒配置原则

1.相对位置配置

两个滚筒相对位置配置主要考虑脱粒物料的顺利交接不堵塞。由于第一滚筒抛出来的物料轨迹是向斜上方的,为使茎秆等物料能顺利喂入第二滚筒,原则上应使第二滚筒的位置略高于第一滚筒且保持一定的水平距离以防止"回草",脱粒物料从第一滚筒到第二滚筒的通道(过渡板)宽度应大于联合收割机输送槽宽度。

2.滚筒直径配置

进入第二滚筒的作物已经第一滚筒脱粒,茎秆长度缩短,可适当缩小第二滚筒直径。

3.凹板包角配置

为将第一滚筒脱粒后的物料顺利抛向第二滚筒,第一滚筒的凹板包角应适当缩小,其出口处切线延长线应低于第二滚筒轴心线。

4.凹板间隙配置

由于进入第一滚筒的物料多、易脱籽粒多,经第一滚筒的脱粒分离后,进入第二滚筒物料少且多为难脱籽粒,因此第一滚筒的凹板间隙应该大于第二滚筒的滚筒间隙,凹板间隙一般为 20～25 mm。

5.滚筒转速配置

由于第一滚筒主要脱连结力小易脱籽粒,第二滚筒主要脱连结力大难脱籽粒和加速脱出物分离,第二滚筒转速可略高于第一滚筒。

为简化结构,小型双滚筒脱粒装置一般采用两个滚筒直径和凹板间隙相等、水平配置的结构。

3.7.2 双滚筒脱粒装置设计计算

1. 主要参数计算确定

根据配置原则和实际结构空间(图 3-31),取第一滚筒为切流式长 500 mm,第二滚筒为轴流式长 850 mm,两个滚筒的轴心距 550 mm,水平配置;第一滚筒与第二滚筒直径相等为 450 mm(至脱粒齿顶);两个滚筒均为开式结构,圆周均布安装有 6 排齿杆,其上装有若干直径 12 mm、齿高 75 mm 的杆齿,齿间距 70 mm,相邻齿杆的杆齿相互错开,齿迹线间距 35 mm;凹板为栅格式,凹板包角:第一滚筒 $\beta_1 = 80°$,第二滚筒 $\beta_2 = 230°$,凹板间隙:第一滚筒 $\delta_1 = 25$ mm,第二滚筒 $\delta_2 = 20$ mm;按杆齿式轴流滚筒稻麦脱粒线速度为 18~26 m/s 的要求,第一滚筒线速度 $v_1 = 18$ m/s,第二滚筒线速度 $v_2 = 22$ m/s。可按式(3-53)求得滚筒转速

$$n = 6 \times 10^4 \frac{v}{\pi d} \tag{3-53}$$

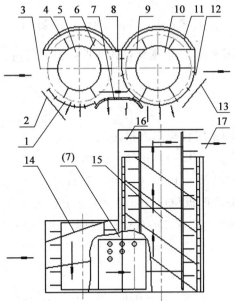

图 3-31 双滚筒脱粒装置结构示意图

1.前凹板　2.前滑板　3.喂入口　4.前罩壳　5.前脱粒滚筒　6.脱粒齿　7.过渡板
8.横梁　9.机架平面　10.后脱粒滚筒　11.后罩壳导向板　12.后凹板　13.后滑板
14.前罩壳导向板投影　15.后罩壳导向板投影　16.排草齿　17.排草口

以 $v_1 = 18$ m/s 和 $v_2 = 22$ m/s 分别代入式(3-53),可求得第一滚筒转速 $n_1 = 764$ r/min,第二滚筒转速 $n_2 = 934$ r/min。

2. 双滚筒脱粒装置处理量

双滚筒脱粒装置处理量由栅格式凹板面积确定。

(1)第一滚筒处理量 q_1

$$q_1 = F_1\alpha \tag{3-54}$$

$$F_1 = l_1 r_1 \beta_1 \tag{3-55}$$

式中:F_1——第一滚筒栅格凹板包围面积,m^2;

l_1——第一滚筒有效工作长度,m,$l_1 = 0.50$;

r_1——第一滚筒栅格凹板半径,m,$r_1 = 0.245$;

β_1——第一滚筒栅格凹板包角,rad,$\beta_1 = 1.4$;

α——单位凹板面积生产率,kg/($m^2 \cdot$ s)根据文献 $\alpha = 1.4 \sim 2$,取1.8。

将相关数据代入式(3-55)和式(3-54),可求得

$$F_1 = 0.17 \ m^2$$

$$q_1 = F_1\alpha = 0.17 \times 1.8 = 0.31 \ kg/s$$

(2)第二滚筒处理量 q_2　根据栅格式凹板面积确定 q_2。

$$q_2 = F_2\alpha \tag{3-56}$$

$$F_2 = l_2 r_2 \beta_2 \tag{3-57}$$

式中:F_2——第二滚筒栅格凹板包围面积,m^2;

l_2——第二滚筒有效工作长度,m,$l_2 = 0.85$;

r_2——第二滚筒栅格凹板半径,m,$r_2 = 0.245$;

β_2——第二滚筒栅格凹板包角,rad,$\beta_2 = 4.01$;

α——单位凹板面积生产率,kg/($m^2 \cdot$ s)根据文献 $\alpha = 1.4 \sim 2$,取1.8。

将相关数据代入式(3-57)和式(3-56),可求得

$$F_2 = 0.84 \ m^2$$

$$q_2 = F_2\alpha = 0.84 \times 1.8 = 1.51 \ kg/s$$

(3)双滚筒脱粒装置总处理量(喂入量)

$$q = q_1 + q_2 \tag{3-58}$$

将 q_1、q_2 代入式(3-58),可得 $q = 1.82$ kg/s,可以满足联合收割机的设计要求。

3.7.3 双滚筒脱粒装置实验研究

1. 实验材料与仪器

101-2 型电热鼓风箱;MP120-1 电子天平;电子转速仪;自制接料(取样)盒和卷尺等。水稻品种:甬优-9 号;单产 7 500 kg/hm²,植株自然高度 1.2 m,割后高度 99 cm;谷草比 1:2.12;千粒重 30.2 g;籽粒含水率 26.8%,茎秆含水率 67.2%。

2. 脱出物分布测定

(1)轴向分布测定结果 综合 3 次试验数据的平均值,籽粒和杂余的轴向分布如图 3-32 和图 3-33 所示。

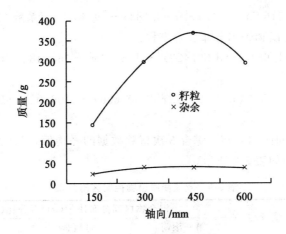

图 3-32 第一滚筒轴向分布

(2)轴向分布数学模型 对脱出物分布情况进行多项式拟合后,得到如下分布模型拟合方程:

第一滚筒脱出物轴向分布拟合方程:

籽粒 $y = 0.456\ 1x^5 - 10.034x^4 + 82.199x^3 - 298.7x^2 + 449.87x - 160.41$;测定系数 0.951 5。

杂余 $y = 0.456\ 1x^5 - 10.034x^4 + 82.199x^3 - 298.7x^2 + 449.87x - 160.41$;测定系数 0.951 0。

过渡板脱出物轴向分布拟合方程:

籽粒 $y = -9.3x^3 + 12.6x^2 + 183.2x - 43.9$;测定系数 0.998 0。

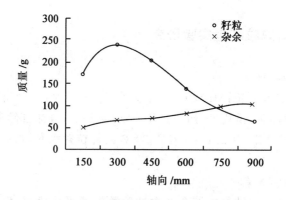

图 3-33　第二滚筒轴向分布

杂余 $y = 2.3167x^3 - 21.4x^2 + 63.183x - 19.45$；测定系数 0.999 5。

第二滚筒脱出物轴向分布拟合方程：

籽粒 $y = -1.6812x^4 + 30.423x^3 - 193.64x^2 + 461.48x - 125.32$；测定系数 0.999 0。

杂余 $y = -0.7531x^4 + 10.562x^3 - 50.636x^2 + 106.02x - 15.225$；测定系数 0.994 2。

（3）脱出物的区间分布　综合 3 次试验数据的平均值，混合物/籽粒和杂余的径向区间分布如表 3-9 所示。

表 3-9　双滚筒脱出物径向区间分布

物料	合计质量/g	混合物区间分布质量(g)/百分比(%)		
		第一滚筒	过渡板	第二滚筒
混合物	2 839.2	1 248.1/43.96	207/7.29	1 384.1/48.75
籽粒	2 183.7	1 112.5/50.95	161.6/7.40	909.6/41.65
杂余	655.5	135.6/20.68	45.4/6.82	474.5/73.04

3.7.4　双滚筒脱出物分布试验

1. 脱出物径向区间分布

由表 3-9 可知，作物在第一滚筒脱粒后，第一滚筒凹板分离混合物 1 248.1 g，到连接第一滚筒和第二滚筒的过渡板几乎直线下降到 207 g；籽粒（混合物减杂质，下同）的变化趋势相同，从 1 112.5 g 下降到 161.6 g；混合物和籽粒在第一滚筒区间所占比例分别为混合物和籽粒合计质量的 43.96％ 和 50.95％；过渡板分离的混合物和籽粒所占比例分别为 7.29％ 和 7.40％；作物进入第二滚筒后，脱出物和籽粒分离的质量分别达到 1 384.1 g 和 909.6 g，分别占 48.75％ 和 41.65％。通过脱出物径向区间分布测定表明，第一滚筒的有效工作长度（500 mm）仅为第二滚筒的有效工作长度的 58.8％，但脱粒分离的籽粒占 50.95％，第二滚筒仅占 41.65％。单位长度籽粒的脱粒效率，第一滚筒约为第二滚筒的 2.08 倍。

2. 脱出物沿轴向分布

如图 3-32 和图 3-33 所示，作物在第一滚筒中沿轴向籽粒逐步增加，到 450 mm 处达到最高，籽粒为 368.10 g，后逐步下降。作物在第二滚筒中沿轴向运动，脱出分离物的变化趋势与第一滚筒相反，在入口处 300 mm 处达到最高，但分离籽粒仅 246 g，因为进入第二滚筒的作物已经过第一滚筒初步脱粒分离。通过脱出物轴向分布测定还表明，第一滚筒脱粒分离的籽粒在作物排出口最多，第二滚筒在作物喂入口处最多。

3.7.5　单滚筒和双滚筒脱粒装置比较试验

1. 测定指标

（1）损失率 S　经脱粒滚筒脱粒分离后，对于试验中排出的茎秆进行了测定，以未脱净与夹带损失谷物/谷物总和×100％ 取值。

（2）破碎率 Y

$$Y = \sum_{i=1}^{n} b_i Y_i \tag{3-59}$$

式中：b_i——各测点的籽粒百分数，％；

　　　Y_i——各测点的籽粒破碎率，％。

（3）脱出物中杂质比例 Z

$$Z = \sum_{i=1}^{n} a_i Z_i \tag{3-60}$$

式中：a_i——各测点的混合物百分数，％；

　　　Z_i——各测点的杂质比例，％。

2. 两种脱粒装置损失率、杂质比例、籽粒破碎率比较（表 3-10）

表 3-10　籽粒破碎率、杂质比例和损失率比较

装置	破碎率 Y	杂质比例 Z	损失率 S
双滚筒	0.19	23.4	0.47
单滚筒	0.56	38.2	0.92

在不增加整机宽度的情况下,采用双滚筒脱粒装置不但可满足原有喂入量 $q=1.0$ kg/s 的设计要求,还能使喂入量提高到 1.5 kg/s 以上。表 3-10 表明,由于作物先后在两个滚筒进行脱粒,增大了有效脱粒长度与分离面积,脱粒分离更彻底,其损失率(未脱净和夹带损失率之和)为 0.47%,而单滚筒为 0.92%;破碎率仅为 0.19%,比单滚筒下降了 66.1%。

3.8　多功能切割器试验研究——全地形垄作大豆收割装置

我国南方研发生产的全喂入稻麦联合收割机已大量应用于东北地区的水稻收获,为扩大作业功能需配置大豆收获装置进行大豆联合收获。东北地区大豆普遍采用垄作栽培,垄距(行距)65~70 cm,垄台高 14~17 cm,呈梯形。经多次中耕培土相邻垄台之间高度差可达 3~8 cm。大豆植株的生物学特征是结荚部位低、收割时易炸荚。由于上述两个原因,用全喂入联合收割机原往复式切割器收割时,因切割器是与收割台刚性联结的整体式结构,在高低不平的垄台上收割时必然出现高割茬。割茬高引起炸荚(割到豆荚)、拉荚(豆荚未割下)、掉枝(豆枝未进割台)等损失,损失率可达 5%~7%。当前广为应用的挠性割台,切割器可整体浮动式。由于在整个割幅内存在垄台差,割茬必然参差不齐,很难解决因高割茬引起的损失。全地形往复式切割装置能降低收割损失。

3.8.1　基本结构和工作原理

全地形切割装置的主要部件为往复式切割器。作业时,要求切割器能紧贴割幅内的每个垄台切割大豆茎秆以获得最低割茬,必需利用"两点支承一刀床"的原理,采用一组切割器收割两垄大豆的结构,并给刀床施以一定压力使切割器紧贴垄台工作获得最低割茬,因此刀床必须是能浮动的。为此需设

计仿形系统使刀组纵向能随垄台高度上下浮动,刀组两端也能绕刀组中心偏转,以适应横向两个垄台不同的高度而贴紧每个垄台,实现全地形作业。为控制浮动范围,设有纵向和横向限位装置。刀床接触垄台的压力必须小于垄台土壤的抗压强度以免破坏垄台。根据机器割幅,可以设置若干组刀床。割下的豆枝通过旋转辊送入收割台,旋转辊和收割台之间留有空隙,以防止泥土进入收割台污染大豆。装有两组切割器的垄作大豆全地形收割台如图3-34和图3-35所示。

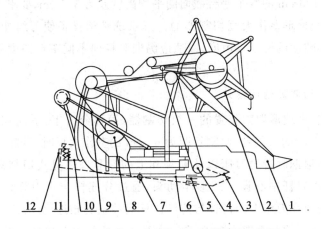

图 3-34 垄作大豆全地形切割器结构示意图

1.分禾器 2.拨禾轮 3.全地形切割器 4.输送辊 5.轴套 6.仿形杆 7.挂结套
8.割台搅龙 9.连杆 10.垄台压力调整器 11.弹簧 12.浮动弹簧架

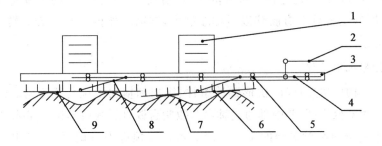

图 3-35 切割器及驱动机构示意图

1.收割机履带 2.主连杆 3.收割台梁 4.主刀杆 5.输送辊
6.分刀组 7.垄台 8.分连杆 9.仿形板

3.8.2　全地形收割装置设计

经测定,收获期垄台有如下特征:①经多次中耕培土后,垄台表层土壤强度 $[p]=0.05\sim0.07$ MPa,仿形板对垄台的压强需小于此值。②同一截面上相邻垄台高度差平均为 5 cm,最高达 8 cm,要求刀床在此位置能倾斜切割。③同一垄台上,相距 100 cm 的两个垄台截面的平均高度差为 3.5 cm,要求刀组能纵向浮动。因此,全地形垄作大豆切割器的仿形系统必须具备使刀组能上、下平动和绕刀组中心转动的两个自由度,以适应纵向和横向不同垄台高度而贴紧每个垄台作业。

1. 全地形切割器结构设计

如上所述,全地形切割装置的一组切割器(简称分刀组,下同)收割两垄大豆,割幅为 2.5 m 的收割台,收割行距为 65 cm 的垄作大豆时,可配备 2 组切割器。分刀组由扁钢制造的刀床以及安装其上的标Ⅱ型往复式切割器各种元件构成,分刀组动刀杆中心设有球形驱动头,通过分连杆与主刀杆以肖轴相连。分刀组通过安装在刀床上的肖轴与仿形杠杆头部轴套相连,分刀组可绕轴套转动,以适应正收割的两个垄台的高差。分刀组下部与垄台接触处装有仿形板,以减轻分刀组对垄台的压力以免破坏垄台。主刀杆通过五组滚轮安装在收割台上,由切割器驱动装置驱动。分刀组与收割台之间设有转动辊,用以将割下的豆枝送入收割台并防止泥土进入割台,转动辊由驱动拨禾轮的皮带轮通过 V 形带传动,转动辊外套有胶管以增加摩擦力,转动辊外径 $\phi=75$ mm,转速 $n=350$ r/min。

2. 仿形机构设计

仿形机构由仿形杠杆、仿形弹簧组件、纵向和横向限位装置等构成。仿形杠杆位于收割台下部,其中部通过轴套与收割台铰接。其后端设有垄台压力调节器以平衡分刀组对垄台的压力。调节器弹簧预应力可调,使分刀组对垄台的压强 $P<0.05$ MPa。作业时垄台压力调节器等仿形机构位于垄沟。履带行走在垄沟中有助于提高作业质量。仿形机构基本结构及受力情况如图 3-36 所示。

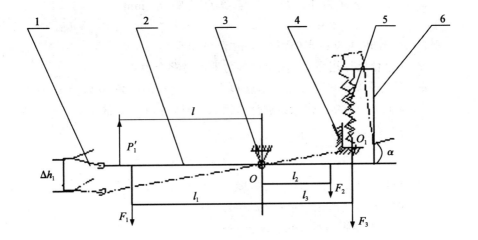

图 3-36　仿形系统平行力系

1.分刀组　2.仿形杠杆　3.挂结点　4.弹簧固定架　5.弹簧　6.浮动弹簧架

3.8.3　全地形切割器理论分析

机器作业时,分刀组对垄台的压力 P 由分刀组对垄台的静压力 P_1 和对垄台的动压力 P_2 构成,由两个垄台承担,则每个垄台承担的压力为

$$P = \frac{P_1 + P_2}{2} \tag{3-61}$$

1.静压力 P_1 计算

分刀组安装在仿形杠杆头部,仿形杠杆各处受力构成平行力系,根据力系平衡原理 $\sum M_0 = 0$ 有

$$P_1'l - F_1l_1 + F_2l_2 + 2F_3l_3\cos\alpha = 0$$
$$P_1' = (F_1l_1 - F_2l_2 - 2F_3l_3\cos\alpha)/l \tag{3-62}$$

式中:F_1——分刀组与仿形杠杆 O 点左段的质量所引起的重力的合力(索多边形合成),N,$F_1 = 224.50$;

　　　F_2——仿形杠杆 O 点右段和弹簧架质量所引起的重力的合力(索多边形合成),N,$F_2 = 37.73$;

　　　F_3——两组平衡弹簧张力,N,当 $\alpha = 0° \sim 11°$,$F_3 = 49.0 \sim 88.2$;

l_1、l_2、l_3——分别为 F_1、F_2、F_3 与 O 点的距离,mm,$l_1 = 450$,$l_2 = 225$,$l_3 = 320$;

l——P_1' 作用线与 O 点的距离,mm,$l = 500$;

P_1'——垄台反作用力,N,其反向的力即为对垄台力 P_1;

α——刀组升降平衡弹簧上挂结点 O_1 与 O 点连线的夹角,(°),$\alpha = 0 \sim 11$。

令 $A = F_1 l_1 - F_2 l_2$,代入数据计算得 $A = 92.56$ N·m,故

$$P_1' = (A - 2F_3 l_3 \cos\alpha)/l$$
$$F_3 = C\varepsilon\Delta h_1 \tag{3-63}$$

式中:C——弹簧刚度,N/mm,$C = 1.1$,即 1 100 N/m;

ε——平衡弹簧变形比,$\varepsilon = l_3/l_1 = 1.36$;

Δh_1——切割器纵向浮动量,$\Delta h_1 (0 \sim 50$ mm)。

分刀组对垄台的静压力 P_1 为 P_1' 的反作用力,与 P_1' 大小相等,方向相反:

$$P_1 = P_1' = (A - 2C\varepsilon\Delta h_1 l_3 \cos\alpha)/l \tag{3-64}$$

2. 动压力 P_2 计算

机器作业时,分连杆驱动切割器作往复运动,它与刀床的夹角 β 随相邻垄台高差的变化而变化。分连杆与分刀杆的连接点(驱动点)为球形铰接,驱动力 R 可分解为沿着刀床切割器驱动力和垂直刀床、通过仿形板给垄台的分力 P_2,由于 β 很小故视 P_2 为垂直垄台的压力,如图 3-37 所示。

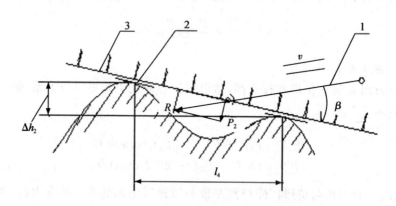

图 3-37 作用于垄台的动压力垂直分力
1.分连杆 2.仿形板 3.分刀组

从图 3-37 可知

$$P_2 = R\sin\beta \tag{3-65}$$

式中:R—分连杆驱动力,N,用于克服切割时的工作阻力,

$$R = P_c + P_d + P_f \tag{3-66}$$

式中:P_c—平均切割阻力,

$$P_c = \frac{BHQ}{X_H} \tag{3-67}$$

$$H = \frac{30v_m}{n} \tag{3-68}$$

式中:B—分刀组割幅,m,B=1.22;

$\quad H$ —切割器进距,m,$H=\dfrac{30v_m}{n}=\dfrac{30\times1.0}{470}=0.064$ m;

$\quad Q$ —切割单位面积作物所做的功,J,收获大豆 $Q=100$ J/m^2=100 N·m/m^2;

$\quad X_H$—切割器动刀有效行程,mm,$X_H=0.031$(标准型);

$\quad v_m$—机器作业速度,m/s,$v_m=1.0$;

$\quad n$—曲柄转速,r/min,$n=470$;

$\quad P_d$—切割器惯性力,N,

$$P_d = \pm Ma_{max} \tag{3-69}$$

$$a_{max} = r\omega^2 \tag{3-70}$$

式中:M—分连杆和分动刀的质量,kg,$M=4.5$;

$\quad a_{max}$—动刀最大加速度,m/s^2,$a_{max}=87.21$,分连杆向地面运动为"+",
反之为"−";

$\quad r$—曲柄半径,m,$r=0.036$;

$\quad \omega$—曲柄角速度,1/s,$\omega=49.22$;

$\quad P_f$—分刀组切割器摩擦力,动刀杆能用手推拉时可忽略不计,即 $P_f=0$;

$\quad \Delta h_2$—切割器横向偏转相邻垄台高度差,mm,$\Delta h_2=0\sim60$;

$\quad l_4$—垄距,$l_4=65$ cm;

$\quad \beta$—分连杆与刀床夹角,(°),$\beta=0\sim8$。

将式(3-67)和式(3-69)代入式(3-66)，可得

$$R = \frac{BHQ}{X_H} \pm Ma_{\max} \tag{3-71}$$

将式(3-71)代入式(3-65)，可得

$$P_2 = \left(\frac{BHQ}{X_H} \pm Ma_{\max} \right) \sin\beta \tag{3-72}$$

3. 垄台总作用力 P

将式(3-64)和式(3-72)代入式(3-61)，可得切割器对垄台的总作用力 P：

$$P = \frac{1}{2} \left[\frac{A - 2C\varepsilon\Delta h_2 l_3 \cos\alpha}{l} + \left(\frac{BHQ}{X_H} \pm Ma_{\max} \right)\sin\beta \right] \tag{3-73}$$

式中函数 P 有 3 个变量 Δh_2、α、β，即 $P = f(\Delta h_2, \alpha, \beta)$ 为 3 元函数，不能用二元函数二阶偏导的 $B^2 - 4AC \geqslant 0$ 来判断极大值和极小值，故可以驻点和边界值求得，即在 3 个变量的定义域内，函数 P 有定值。根据费马定理，求函数 P 对各变量的偏导，确定该函数极值的"驻点"，P 对各变量的偏导分别为：

$$\frac{\partial P}{\partial \Delta h_2} = -\frac{1}{2} \frac{C\varepsilon l_3 \cos\alpha}{l} = 0 \qquad \text{得 } \alpha = 0;$$

$$\frac{\partial P}{\partial \alpha} = -\frac{1}{2} \frac{C\varepsilon l_3 \Delta h_2 \sin\alpha}{l} = 0 \qquad \text{得 } \alpha = \frac{\pi}{2}, \Delta h_2 = 0;$$

$$\frac{\partial P}{\partial \beta} = \frac{1}{2} \left(\frac{BHQ}{X_H} + Ma_{\max} \right)\cos\beta = 0 \qquad \text{得 } \beta = \frac{\pi}{2}.$$

将位于驻点内的值 $\beta = 0$，$\alpha = \frac{\pi}{2}$，$\Delta h_2 = 0$ 及其他相关设计参数代入式(3-73)，可得

$$P = \frac{A}{2l} = \frac{92.56}{2 \times 0.5} = 92.56 \text{ N}$$

若取区间最大值 $\beta = 8°$，$\alpha = 11°$，$\Delta h_2 = 60$ mm 及其他相关设计参数代入式(3-73)，可得

$$P = \frac{1}{2} \times \left[\frac{92.56 - 2 \times 1\,100 \times 1.36 \times 0.06 \times 0.32 \times \cos 11°}{0.5} \pm \right.$$

$$\left. \left(\frac{1.22 \times 0.064 \times 100}{0.031} \pm 4.5 \times 79.52 \right) \sin 8° \right]$$

$$= \frac{1}{2} \times [112.59 + (251.87 \pm 357.84) \times 0.14]$$

如图 3-37 所示,当分连杆向左运动时,分连杆向左运动(朝向地面),P_1、P_2 同向,a_{max} 为"+":

$$P_{max} = \frac{1}{2} \times [112.59 + (251.87 + 357.84) \times 0.14]$$

$$= \frac{1}{2} \times (112.59 + 85.36) = 98.97$$

当分连杆向右运动(离开地面),a_{max} 为"一"值,可得

$$P_{min} = \frac{1}{2} \times [112.59 + (251.87 - 357.84) \times 0.14]$$

$$= \frac{1}{2} \times (112.59 - 14.84) = 48.88$$

即对垄台的最大压力 $P_{max} = 98.97$ N,最小压力 $P_{min} = 48.88$ N。

4. 切割器对垄台压强 p

$$p = P/2S \tag{3-74}$$

式中 S 为仿形板接地面积,m^2,$S=0.007$,当动刀组处于最高位置(水平位置),由于力 F_3 为最小值,动刀组质量由垄台承担 P_{max} 和 P_{min},分别代入式(3-74),$p_{max} = P_{max}/2S = 0.007$ MPa$< [p] = 0.05$ MPa,$p_{min} = P_{min}/2S = 0.0035$ MPa$< [p] = 0.05$ MPa。

3.8.4 田间试验结果与分析

1. 试验条件

试验机型为 4LZ-2.5 履带式全喂入联合收割机,割幅 2.5 m,装有两组切割器。大豆株高 70～75 cm,垄距 65 cm,密度约 35 万株/hm^2,预测产量 2 100 kg/hm^2,籽粒含水率 18%～20%,百粒重 15.05 g,豆荚下垂后最低点离地高度 50～67 mm,垄距 65 cm,9 测点截面相邻垄高差 3.5～7.7 cm,机器前进速度 1 m/s,田间测定结果见表 3-11。

表3-11 垄作大豆全地形收割装置割台损失分布

项目 数据次数	割茬高度/mm 最大	最小	平均	收割台损失 掉枝 粒数	%	掉荚 粒数	%	炸荚 粒数	%	拉荚 粒数	%	拉枝 粒数	%	合计	粒/m²	g/m²	kg/hm²	损失率/%
1	60	36	48	17	15.3	15	13.5	41	37.0	14	12.6	24	21.6	111	29.6	4.5	44.5	2.12
2	40	30	35	23	26.8	21	24.4	34	39.6	0	0.0	8	9.3	86	23.0	3.4	34.4	1.64
3	70	40	55	46	32.6	11	7.8	32	22.7	30	21.3	22	15.6	141	32.6	4.5	44.8	2.13
4	80	40	60	4	3.8	23	21.7	28	26.4	37	35.0	14	13.2	106	28.2	4.3	42.8	2.04
5	50	10	30	0	0.0	0	0.0	22	76.1	4	13.8	3	10.1	29	7.8	1.1	10.5	0.50
6	60	20	40	27	13.9	48	24.8	90	46.4	27	13.9	2	1.3	194	51.7	7.8	77.5	3.69
7	60	10	35	7	8.3	14	16.7	60	71.5	3	3.6	0	0.0	84	22.4	3.4	33.6	1.60
8	55	25	40	21	37.5	8	14.2	13	23.2	3	5.4	11	19.6	56	14.9	2.2	22.4	1.07
9	70	30	50	9	7.3	35	28.2	72	58.0	5	4.0	3	2.4	124	33.0	5.0	49.5	2.36
平均值			43.7	17.1		19.4		43.6		13.7		9.7		103	27.0	4.0	40.0	1.90
标准差			10.1	14.2		14.9		25.3		14.0		8.8						18.7
变异系数			0.23	0.83		0.88		0.58		1.03		0.91						0.47

注:测定面积3 m²。

2.试验结果分析

(1)以"两点支承一刀床"的原理研发的大豆全地形往复式切割装置替代整体式切割器,可在整机割幅内基本消除因垄高差引起的高割茬以及由此产生的损失。由于一刀只割两垄大豆,切割器只有在两垄台支持下才能稳定工作,在相邻垄台存在垄高差的情况下,刀床能紧贴每个垄台作业从而获得低割茬。作业时刀组能自由浮动并始终紧贴每个垄台作业,因此能保低割茬。经测定平均割茬为 4.37 cm,标准差为 1.01 cm,变异系数为 0.23,效果较好。

(2)具有一个转动和一个平动自由度的仿形系统,使切割器对垄台压力控制在最大值为 98.97 N、最小值为 48.88 N 范围内,即使切割器能紧贴垄台工作,实现了"全地形作业"。切割器对垄台压强 $p=0.007\sim0.05$ MPa $<[p]=0.035$ MPa,在正常作业状态下,不会破坏垄台表面。

(3)有关研究表明,收割台损失占大豆收获总损失的 80%,收割台损失主要有 5 项,即"掉枝"(割下豆枝未进入割台)、"掉荚"(已割下的豆荚掉在地上)、"炸荚"(豆荚炸裂飞溅)、"拉荚"(留在割茬上的豆荚)、"拉枝"(未割下的豆枝),而高割茬是引起这些损失的主要因素之一。由于全地形切割装置能获得低割茬,收割台 5 项损失均获得不同程度减少,收割台平均总损失仅为 1.90%。由于切割器刀组下设仿形板与垄台接触,因此切割通过后垄台光滑平整,为下一熟垄上播种创造了良好条件。

图 3-38 为第 3~4 垄上的切割器在倾斜状态下作业,图 3-39 为收割后的垄台。

图 3-38 第 3~4 垄上的切割器
在倾斜状态下作业
（收割时从割台后方垄沟逆光拍摄）

图 3-39 收割后的垄台

3.9　多功能收割台试验研究——梳穗式收割台

将全喂入稻麦联合收割机的收割台更换成梳穗式收割台,可进行稻麦梳穗式收割,联合收割机的轴流式脱粒装置成为梳穗物料的复脱装置。由于梳穗式收割台在收割时不需对行,具有全喂入收割的特点;而收割时只梳脱穗头,又具有半喂入收割的特点,因此也被认为是介于全喂入和半喂入之间的一种联合收割机。梳穗式收割台的功能部件主要包括穗头梳脱装置和茎秆切割装置两部分,它们通过挂结机构与联合收割机机架相连。梳脱后茎秆的切割装置为带星轮拨禾机构的立式割晒机,它安装在梳穗装置的后下方,梳脱后的茎秆被切割后侧向铺放于已割地上。梳穗式收割台如图 3-40 所示。

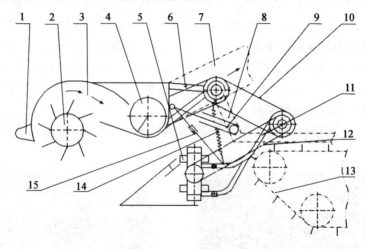

图 3-40　梳穗式收割台示意图

1.压禾鼻　2.梳穗滚筒　3.高速气流通道　4.螺旋输送器　5.立式割晒机　6.梳穗收割台连接架　7.联合收割机输送槽　8.机架　9.梳穗割台升降油缸　10.梳穗割台驱动皮带　11.割晒机连接架　12.割晒机驱动皮带　13.行走履带　14.平衡弹簧　15.可调拉杆

3.9.1　梳穗装置基本结构和工作原理

梳穗装置主要由压禾鼻、梳穗滚筒、梳脱物螺旋输送器和顶罩壳构成。梳穗滚筒上均布装有 8 排板齿式梳摘(comber-stripping)部件,齿距 40 mm。其工作原理是,随着机器前进,生长在田间的稻麦穗部经压禾鼻进入顶罩壳和梳穗滚筒之间形成的蜗形空间,稻麦穗头被高速旋转的梳摘齿板梳刷脱粒。经测定,同时被梳刷下来的籽粒和作物茎叶的质量比约为 1∶1,在惯性力和高速气流的作用下,梳脱物被抛送到梳穗式收割台的螺旋输送器中经输送槽喂入轴流滚筒进行复脱。

3.9.2 梳穗装置主要参数计算

1.梳齿的运动轨迹

由图 3-4 可知,机器作业时,梳穗滚筒的梳穗齿以线速度 v_s 梳脱稻麦穗头,其上任一点的运动轨迹为摆线,若梳穗齿线速度 v_s 大于机器前进速度 v_m,即 $v_s > v_m$,其比值 $\lambda = v_s / v_m > 1$,则运动轨迹为余摆线。梳穗齿在余摆线上任一点的运动轨迹方程为

$$x = v_m t + R\cos\omega t$$
$$y = h + R\sin\omega t$$

(3-75)

式中:v_m—机器前进速度,m/s;

R—梳穗滚筒半径,m;

ω—梳穗滚筒角速度,1/s;

t— 时间,s;

h—梳穗滚筒轴离地高度,m。

2.梳穗滚筒轴离地高度

(1)按滚筒齿梳穗起始点计算 由图 3-4 可知,当梳穗滚筒转速 n 和机器前进速度 v_m 一定时,有一定的余摆线"绕扣"、"绕扣"最大弦长及其所处的位置。因为梳穗齿位于最大弦长 $S_1 S_3$ 的前端点 S_1 时,其线速度的水平分速度为 0,是穗梳脱粒作物的起始点,此点垂直分速度最大,有利于梳脱籽粒。在最大弦长以上的余摆线"绕扣"上各点,其水平分速度与机器前进方向相反,籽粒不会向前飞溅引起损失。

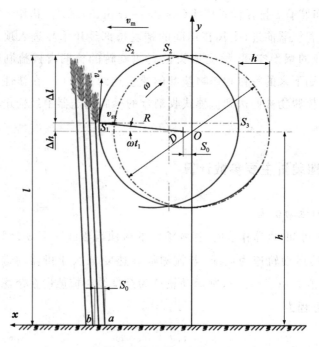

图 3-41　梳穗滚筒工作示意图(无压禾鼻)

当梳穗齿顶位于最大弦长前端点 S_1 时,水平分速度 $v_x = \dfrac{\mathrm{d}x}{\mathrm{d}t} = 0$,

即
$$v_x = v_m - v_{sx} = v_m - R\omega\sin\omega t_1 = 0$$

$$\sin\omega t_1 = \frac{v_m}{R\omega} = \frac{v_m}{v_s} = \frac{1}{\lambda} \tag{3-76}$$

$$\Delta h = R\sin\omega t_1 = \frac{R}{\lambda} \tag{3-77}$$

$$h = l - \Delta l - \frac{R}{\lambda} \tag{3-78}$$

式中:v_{sx}—— 梳穗齿线速度 v_s 的水平分量,m/s;

t_1——梳穗齿在点 S_1 的时间,s;

λ——梳穗滚筒线速度 v_s 与机器前进速度为 v_m 之比,$\lambda = \dfrac{v_s}{v_m} = \dfrac{R\omega}{v_m}$;

Δh——最大弦长前端点 S_1 与梳穗滚筒轴的垂直距离,m;

l——作物高度,m;

Δl——作物穗幅差,m。

由于从 S_1 点开始梳脱作物,因此 h 值是梳穗滚筒的最大高度。作业时,当前进速度 v_m 变化较大时,λ 值变化也大,Δh 的变化也大,因此梳穗滚筒轴的离地高度 h 也应作适当调整。

(2)按滚筒齿梳穗结束点计算　由图 3-41 可知,在余摆线"绕扣"的最高点 S_2 点,理论上结束梳穗,此点垂直分速度为 0,即

$$\frac{\mathrm{d}y}{\mathrm{d}t} = R\omega\cos\omega t_2 = 0$$

$$\omega t_2 = \frac{\pi}{2} \tag{3-79}$$

代入式(3-75)得

$$y = l = h + R\sin\frac{\pi}{2} = h + R$$

$$h = l - R \tag{3-80}$$

$$h = \left(l - \Delta l - \frac{R}{\lambda}\right) \sim (l - R) \tag{3-81}$$

当运动参数 λ 和结构参数 R 一定时,收获不同高度的作物,梳穗滚筒轴的高度 h 值也需作适当调整。

3.单排梳齿一次梳脱机器前进距离

由图 3-41 可知,当一排梳齿从 S_1 点运动到 S_2 点时,生长在 a、b 两点间的作物束将被梳脱,单排梳齿梳脱一次的机器前进距离 S_0 可用线段 ab 来表示,ab 称作用区间,

$$S_0 = \frac{H}{z} = \frac{v_m t_r}{z} = v_m \frac{2\pi}{\omega z} = \frac{\pi D}{z\lambda} \tag{3-82}$$

式中:H—机器进距,即梳穗滚筒转动一圈机器前进的距离,m;

　　　z—梳穗滚筒上的梳齿排数;

　　　t_r—梳穗滚筒转一圈所需时间,s,

$$t_r = \frac{60}{n} = 60 \times \frac{2\pi}{60\omega} = \frac{2\pi}{\omega} \tag{3-83}$$

式中:ω—梳穗滚筒角速度,1/s。

式(3-82)表明,一排梳齿的一次梳脱量 S_o 与梳穗滚筒直径成正比,与梳齿排数成反比。

3.9.3 梳穗割台全喂入联合收割机田间试验综述

1.试验条件

试验机:130S横轴流全喂入联合收割机配梳穗割台,梳脱幅 1 320 mm,茎秆割晒机割幅 1 300 mm,梳脱台升降范围 500~1 200 mm,配套功率 14.7 kW,作业速度 0.67~0.93 m/s;作物条件:早稻品种嘉948,自然高度 78.3 mm,穗幅差 25.4 cm,作物直立,黄熟,单产 4 800 kg/hm²;晚稻品种协优5,自然高度 82.5 mm,穗幅差 23.0 cm,作物直立,黄熟,单产 6 600 kg/hm²;小麦品种浙麦2号,自然高度 99.1 mm,穗幅差 24.4 cm,作物直立,黄熟,单产 3 720 kg/hm²。

2.试验结果

总损失率:1.27%~1.42%,其中梳脱台损失 0.69%~0.75%,清选损失 0.54%~0.73%;含杂率:1.05%~1.52%(水稻),2.03%(小麦);破碎率: 0.65%~0.82%(水稻),0.42%(小麦);纯小时生产率:0.34 hm²;梳脱台下茎秆切割、排草顺畅,割茬 10~15 cm。

图 3-42(彩图 3-42)为 130S 梳穗式割台联合收割机田间试验。

图 3-42 130S 梳穗式割台联合收割机田间试验

第4章　全喂入纵轴流联合收割机新型工作装置设计与试验

4.1　同轴差速轴流脱粒装置

纵轴流全喂入稻麦联合收割机于 20 世纪 80 年代研发成功。后期的脱粒装置和横轴流一样,为开式杆齿轴流滚筒和栅格式凹板结构;输送槽宽 550 mm,轴流滚筒长 1.7～1.8 m,分离面积 1.8～2.0 m²,与广泛应用的喂入量为 1.8 kg/s 的横轴流联合收割机相比,输送槽宽度、脱粒滚筒长度和凹板面积分别为后者的 1.6～1.8 倍。具有可在不增加整机长度的情况下提高生产率和脱净率、适应油菜收获等特点。但联合收割机作业时,作物沿轴线方向喂入,茎秆沿轴线方向排出,收获亩产 600 kg 以上高产且籽粒连结力大的水稻时脱粒不净。同轴差速脱粒装置(图 4-1)将高、低两种转速集于同一滚筒,可获得较佳的脱粒性能,有助于解决上述问题矛盾。

4.1.1　纵轴流同轴差速脱粒装置设计

1.高、低速脱粒滚筒转速计算

差速脱粒滚筒转速按下式计算:

$$n_2 = kn_1 = \frac{30kv_1}{\pi R} \tag{4-1}$$

式中:n_2—高速滚筒转速,r/min;

n_1—低速滚筒转速,r/min;

k—圆柱形杆齿式轴流滚筒水稻脱粒和实际高、低线速度之比;

R—轴流滚筒半径,m。

取低速滚筒转速 n_1＝545 r/min(v_1＝17.68 m/s);圆柱形杆齿式轴流滚筒

水稻脱粒和实际高、低线速度之比 $k=1.38$；取轴流滚筒半径 $R=0.31$ m，代入式 (4-1)，可求得 $n_2=kn_1=752$ r/min（$v_2=24.40$ m/s）。

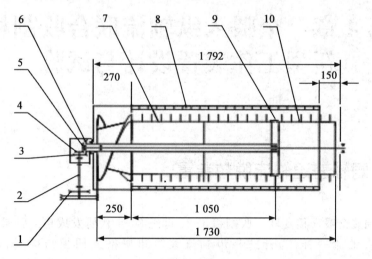

图 4-1　纵轴流同轴差速脱粒装置示意图（锥齿轮驱动）

1.输入皮带轮　2.输入轴　3.低速主动锥齿轮　4.高速主动锥齿轮　5.高速被动锥齿轮
6.低速被动锥齿轮　7.低速滚筒　8.栅格凹板　9.过渡圈　10.高速滚筒

2.高、低速滚筒长度分配

按低速滚筒主要用于基本完成作物脱粒、高速滚筒主要用于难脱籽粒脱粒分离的原则来确定低、高速滚筒长度。脱粒滚筒的脱粒能力取决于脱粒部分栅格式凹板的面积，低速段脱粒滚筒长度（即低速段凹板长度）可由下式求得：

$$L_1 = \frac{\varepsilon q}{\alpha R_1 \phi} \tag{4-2}$$

式中：L_1——低速滚筒段凹板（滚筒）长度，m；

　　　ε——喂入量中由低速滚筒脱粒的比例，$\varepsilon=0.8\sim0.85$，取 0.8；

　　　q——联合收割机喂入量，kg/s；

　　　α——栅格式凹板单位面积生产率，kg/（$m^2 \cdot s$）；

　　　R_1——弧形凹板半径，m；

　　　ϕ——弧形凹板包角，rad。

取喂入量中由低速滚筒脱粒的比例 $\varepsilon=0.80$；联合收割机喂入量 $q=3.0$ kg/s；栅格式凹板单位面积生产率 $\alpha=2.0$ kg/（$m^2 \cdot s$）；弧形板半径 $R=$

水稻联合收割机新型工作装置设计与试验

0.33 m(含进口板间隙 0.020 m);弧形板包角 $\phi=3.84$ rad(220°);将数据代入式(4-2),可求得 $L_1=1\ 042$ mm,取 1 050 mm,约为脱粒滚筒工作部分总长度 $L=1\ 372$ mm 的 3/4,其余 1/4 为高速段。两段滚筒连接处设置防堵塞与防干涉装置。

4.1.2 差速脱粒脱出物质点运动学分析

1. 脱粒过程中脱出物质点运动模型

在轴流式滚筒中,脱出物质点 M 在滚筒盖导向板侧圆柱表面作螺旋运动,在不考虑摩擦的情况下速度方程如下:

$$v_x = \frac{\mathrm{d}x}{\mathrm{d}t} = -r\omega\sin\omega t$$

$$v_y = \frac{\mathrm{d}y}{\mathrm{d}t} = r\omega\cos\omega t \qquad (4\text{-}3)$$

$$v_z = \frac{dz}{dt} = r\omega\tan\gamma$$

式中:v_x,v_y——脱出物质点 M 在垂直于滚筒轴的平面内的运动速度,m/s;

v_z——脱出物质点 M 沿滚筒轴方向的运动速度,m/s;

ω——滚筒角速度,1/s,$\omega=\pi n/3\sigma$;

t——时间,s;

r——脱出物质点回转半径,m;

γ——滚筒盖导向板螺旋角,(°);

n——脱粒滚筒转速,r/min。

2. 脱出物质点在差速滚筒中的速度变化

在差速脱粒滚筒下,高速滚筒角速度 $\omega_2=k\omega_1$(ω_1 为低速滚筒角速度),根据式(4-3)籽粒质点在高速滚筒中的 v_x、v_y、v_z 均为在低速滚筒中的 k 倍。v_x、v_y 的增大有利于籽粒从茎秆中分离。v_z 的增大有利于减少物料破碎。

4.1.3 差速脱粒脱出物质点动力学分析

1. 被脱物单位质量质点在差速滚筒所受到的脱粒齿打击力 F_t

根据动量定理:

$$F_t = \frac{m'_i\lambda v_i\sin\gamma}{(1-f)\cos\alpha} \qquad (4\text{-}4)$$

式中:m'_i—低/高速滚筒单位时间内作物的进入量,kg/s;

λ—被脱物圆周速度修正系数;

v_i—高/低速滚筒的圆周速度,m/s;

γ—滚筒盖导向板螺旋角,(°);

f—搓擦系数;

α—作物与导向板摩擦角,(°)。

高速滚筒的圆周速度是低速滚筒的 k 倍,打击力也相应增大,有利于难脱籽粒脱下和未分离混合物分离,从而减少未脱尽损失和夹带损失。

2.被脱物单位质量质点在差速滚筒所受到的离心力

单位质量在高/低速滚筒中所受到的离心力分别可由下式求得:

$$F_{li} = \omega_{wi}{}^2 R \tag{4-5}$$

单位质量在高/低速滚筒中所受到的离心力之差

$$\Delta F_1 = R(\omega_{w2}^2 - \omega_{w1}^2) \tag{4-6}$$

式中:R—脱粒滚筒半径,m;

ω_{w1}—被脱物在低速滚筒角速度,1/s;

ω_{w2}—被脱物在高速滚筒角速度,1/s。

$$\omega_{w1} = k\omega_1 \tag{4-7}$$

$$\omega_{w2} = k\omega_2 \tag{4-8}$$

式中:ω_1—低速滚筒角速度,1/s;

ω_2—高速滚筒角速度,1/s。

高速滚筒角速度 ω_2、圆周速度 v_2 分别为低速滚筒角速度 ω_1、圆周速度 v_1 的 k 倍,单位质量受到的离心力更大,脱出物分离性能更好,因此减小了损失。

4.1.4 杆齿式纵轴流差速滚筒高、低速段的功率消耗

当作物连续均匀喂入时,高/低速滚筒功率 N_i 消耗可分别由式(4-9)求得,整个差速滚筒功率消耗为两者之和。

$$N_i = N_{0i} + N_{ti} = A\omega_i + B\omega_i^3 + \xi \frac{q_i v_i^2}{1-f} \tag{4-9}$$

式中：N_{0i} —低/高速滚筒空载功率，kW；

$\quad\quad N_{ti}$ —低/高速滚筒功率消耗，kW；

$\quad\quad A$ —轴承摩擦引起的阻力系数，$A=(0.2\sim0.3)\times10^{-3}$；

$\quad\quad B$ —空气阻力引起的阻力系数，$B=(0.48\sim0.68)\times10^{-6}$；

$\quad\quad \omega_i$ —低/高速滚筒角速度，1/s；

$\quad\quad \xi$ —作物为弹性体修正系数；

$\quad\quad q_i$ —低/高速滚筒作物进入量，kg/s，低速滚筒取联合收割机喂入量，高速滚筒取 0.4 喂入量；

$\quad\quad v_i$ —高速滚筒/低速滚筒圆周速度，m/s；

$\quad\quad f$ — 作物通过脱粒间隙时的综合搓擦系数。

从式(4-9)可知，脱粒功率消耗 N_t 和滚筒圆周速度的平方成正比，虽然高速滚筒圆周速度 v_2 是低速滚筒圆周速度 v_1 的 k 倍，但由于高速滚筒承担不足 1/2 喂入量且籽粒已基本脱下，故功耗已大幅下降。（前述 3.4.4 杆齿式横轴流差速滚筒高、低速段的功率消耗数据，当喂入量 $q=1.8$ kg/s 时，高速滚筒平均功耗占脱粒分离总功耗的 40.7%）。

4.1.5 纵轴流差速脱粒装置物料分布试验

1.试验条件

试验水稻品种为协优-518，植株自然高度 1.2 m，单产 7 500 kg/hm²，籽粒含水率 14.6%，茎秆含水率 58.6%。取样格在滚筒轴向分为 10 格，低速段 8 格，高速段 2 格，径向分为 6 格，合计 60 格，每格面积 125 mm×130 mm，脱出物经栅格式凹板分离后全部由取样框接取。试验重复 3 次，喂入量 3.3 kg/s。经数据整理，得到脱出物、籽粒、杂余、破碎率等分布。

2.脱出物在低、高速滚筒的分布情况（表 4-1）

表 4-1　低、高速滚筒脱出物的分布比例　　　　　　　　　%

项目	低速滚筒	高速滚筒	全滚筒
混合物	94.29	7.31	100
粒籽	96.78	3.22	100
杂余	81.23	18.77	100

3.籽粒、杂余在低、高速滚筒混合物中的占比(表 4-2)

表 4-2　籽粒、杂余在低、高速滚筒混合物中的占比 　　　　　　　　　　 %

项目	粒籽	杂余	合计
低速滚筒混合物	86.26	13.74	100
高速滚筒混合物	47.47	52.53	100

4.破碎率在低、高速滚筒的分布情况(表 4-3)

表 4-3　破碎率在低、高速滚筒的分布比例 　　　　　　　　　　 %

项目	低速滚筒	高速滚筒	全滚筒
破碎率	0.08	0.29	0.17

图 4-2 为纵轴流同轴差速脱粒装置。

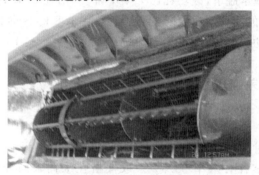

图 4-2　纵轴流同轴差速脱粒装置

4.2　无级调节伸缩收获割台

油菜茎秆高大枝杈多,现有纵轴流联合收获机的收割台不适应。收获油菜收割台的进深比收获稻麦割台大 300 mm 且附有立式切割器。割台进深尺寸可无级调节的伸缩收割台能够实现稻麦-油菜收获状态快速转换。

4.2.1　伸缩收割台结构和工作原理

无级调节伸缩收割台(图 4-3)包括:机架,左/右导向定位套管、刀架、伸缩卷板、割刀摆臂、连杆轴承座、花键伸缩连杆、前后铰接销轴、保护座、双向液压油缸、传动轴和摆环等。伸缩机构主要由安装于割台底板下面的两组双向液压油缸(4)、两组左/右导向定位套管(13)和两组位于割台侧板上的滑道(16)组成。双向液压缸(4)一端与机架铰接,另一端与刀架(2)铰接,割台右侧装有由摆环(10)驱动的花键伸缩连杆(9),通过装有双列调心球轴承的轴承座(11)把花键伸缩连杆(9)固定在割台机架(1)上。花键伸缩连杆(9)与切割器(3)通过割刀摆臂(8)连接,摆环(10)的摆动通过花键伸缩连杆(9)带动割刀摆臂(8)左右摆动驱动切割器(3)往复运动。双向液压缸后缩时,带动刀架(2)向后移动,卷帘板(15)卷缩,花键伸缩传动杆(9)缩短,割台后缩状态如图 4-3(a)所示;双向液压缸前伸时,带动刀架(2)向前移动,卷板(15)展开,花键伸缩连杆(9)伸长,实现刀架(2)位置的前后变化,从而实现稻麦收割和油菜收割状态快速转换,割台前伸状态如图 4-3(b)所示,即刀架(2)前伸/后缩之间的位置可以通过双向液压缸(4)任意控制实现无级调节。割台机架(1)下面的左/右导向定位套管(13)上的紧固螺栓(14)在液压系统出问题时应急使用。机架下面的保护座(7)用于预防液压缸受到外力冲击。伸缩卷板(15)一端与机架(1)、另一端与刀架(2)连接。

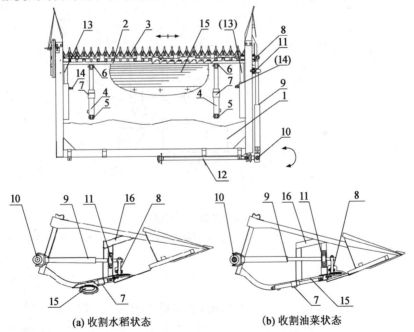

(a) 收割水稻状态　　　　**(b) 收割油菜状态**

图 4-3　无级调节伸缩收割台结构示意图

1.机架　2.刀架　3.切割器　4.双向液压油缸　5.后铰接销轴　6.前铰接销轴　7.保护座　8.割刀摆臂
9.花键伸缩连杆　10.摆环　11.连杆轴承座　12.传动轴　13.左/右导向定位套管
14.紧固螺栓　15.伸缩卷板　16.左/右滑道

4.2.2　收割台三角区设计

全喂入联合收获机收割台三角区,是收割台 3 个主要工作部件拨禾轮、切割器和螺旋扒齿输送器相对位置的参数,三角区是收割台"死区",对收割台工作质量影响很大,如图 4-4 所示,l_1 是螺旋扒齿输送器中心到护刃梁的距离,对收割质量的影响表现在两个方面:一是对喂入的影响,l_1 值大适应长茎秆作物收获,而收获短茎秆作物时,作物容易堆积在螺旋扒齿输送器和切割器之间,待堆积到一定数量时才能被螺旋叶片抓取,造成喂入量的不均,严重时会造成堵塞;l_1 值较小时,适应茎秆短的作物收获,而收获长茎秆作物时,容易从收割台滑下来造成损失。二是对拨禾轮的影响,即拨禾轮对切割器的前伸量 l_2,当 l_1较小时 l_2 就较大,拨禾性能变差,需进行调整。

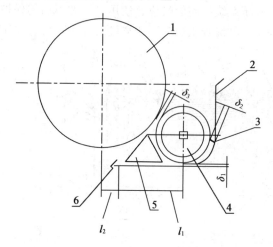

图 4-4　三角区示意图

1.拨禾轮　2.收割台后壁　3.挡草板　4.螺旋扒齿输送器　5.三角区　6.切割器

$$l_1 = (0.4 \sim 0.6)\, l_a \qquad\qquad (4\text{-}10)$$

式中 l_a 为收获作物高度。根据经验数据,收获稻麦时取 $l_a = 800 \sim 1\,150$ mm,得 l_1 为 $350 \sim 500$ mm。收获油菜时,考虑到油菜作物自然高度与作物高度几乎不变(没有下垂),同时成熟油菜单株体积很大,取 $l_a = 1\,450 \sim 1\,500$ mm,得 l_1 为 $700 \sim 850$ mm,同时要确保拨禾齿与螺旋输送器扒齿之间的最小距离 $\delta_3 = 40 \sim 50$ mm,$\delta_1 = 10 \sim 20$ mm,$\delta_2 = 20 \sim 30$ mm。

图 4-5 为无级调节伸缩收割台结构图,图 4-6(彩图 4-6)为伸缩收割台纵轴流全喂入联合收割机田间试验。

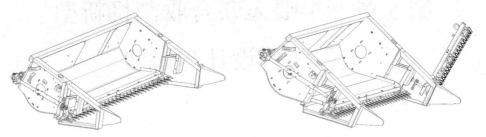

图 4-5 无级调节伸缩收割台结构图

(左为收割稻麦状态,右为收割油菜状态)

图 4-6 伸缩收割台纵轴流全喂入联合收割机田间试验

(左为收割稻麦,右为收割油菜)

第 5 章　半喂入联合收割机新型工作装置设计与试验

5.1　半喂入同轴差速脱粒装置

　　超级稻产量高、茎秆长,适合用半喂入收获工艺进行联合收获。但高产也给半喂入联合收获机带来新的问题,脱粒不尽就是其中之一。超级稻分蘖旺,茎秆粗,用半喂入联合机收获时,经夹持链喂入的禾丛厚密,在脱粒滚筒弓齿的"梳刷"下,大部分成熟易脱籽粒在滚筒前半段脱下,而少数未成熟籽粒或者是难脱籽粒到后半段脱粒,由于整个脱粒滚筒转速相同,对于难脱籽粒转速显得偏低,易引起脱不净损失,特别是喂入禾丛厚密的情况下。而增加滚筒转速则使籽粒破碎率和碎茎秆增多,作业质量难以达到国家规定的三项性能指标要求。为探索解决超级稻脱粒不尽引起损失等问题,设计了半喂入同轴差速脱粒装置(图 5-1 和图 5-2(彩图 5-2)),并与半喂入单速脱粒装置进行了对比试验研究。

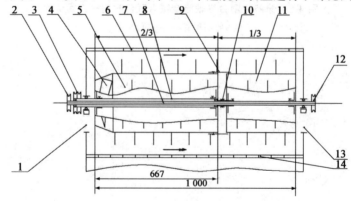

图 5-1　半喂入联合收割机同轴差速脱粒装置示意图

1.作物入口　2.高速皮带轮　3.低速皮带轮　4.螺旋片　5.低速滚筒　6.导向片　7.高速滚筒轴
8.低速滚筒轴　9.过渡圈　10.防干涉装置　11.高速滚筒　12.排草链驱动带轮
13.作物出口　14.栅格凹板

图 5-2　半喂入同轴差速脱粒滚筒

5.1.1　半喂入同轴差速脱粒装置设计

1.高低速滚筒转速计算

高、低速脱粒滚筒转速由下式确定：

$$n_2 = kn_1 \qquad (5-1)$$

式中：n_2—高速滚筒转速，r/min；

　　　n_1—低速滚筒转速，r/min；

　　　k—弓齿式脱粒滚筒水稻脱粒所需的最高线速度 v_2 和最低线速度 v_1 之比，即高、低速脱粒滚筒转速之比。根据前人研究，适合稻麦脱粒的弓齿齿顶线速度是 $11 \sim 19$ m/s，根据经验数据取 $v_1 = 15$ m/s、$v_2 = 19$ m/s，并据此设定 k 值。

$$k = v_2/v_1 = 19/15 = 1.27$$

取脱粒滚筒直径（至弓齿齿顶）为 550 mm，根据 v_1 可求得低速滚筒转速 $n_1 = 521$ r/min；代入式(5-1)可求得高速滚筒转速 $n_2 = 657$ r/min。

2.高低速滚筒长度分配

基于低速滚筒主要用于作物脱粒、高速滚筒主要用于籽粒分离的原则确定低、高速滚筒长度。脱粒滚筒的脱粒能力取决于脱粒部分栅格凹板的面积，低速脱粒滚筒长度（即低速段凹板长度）可由下式求得：

$$L_1 = \frac{\varepsilon q}{aR\beta} \qquad (5-2)$$

式中：L_1—低速滚筒段凹板（脱粒滚筒）长度，m；

　　　ε—喂入量中由低速滚筒脱粒的比例，$\varepsilon = 0.8 \sim 0.85$，取 $\varepsilon = 0.85$；

q—联合收割机工作流量(喂入量,不含茎秆),kg/s,取 $q=1.5$;

a—栅格凹板单位面积生产率,kg/(m²·s),$a=1.4\sim2.0$,取 2.0;

R—弧形板半径,m,$R=0.295$(含进口间隙 0.02);

β—弧形板包角,rad,$\beta=3.17(180°)$。

将数据代入式(5-2),$L_1=(0.85\times1.5)/(2\times0.295\times3.17)=681.7$,取 $L_1=667$ mm,脱粒滚筒总长 1 000 mm 的 2/3,余下的为高速滚筒长度。

5.1.2 半喂入同轴差速脱粒理论分析

1.差速滚筒动力方程式

同轴差速低/高速滚筒由不同的转轴驱动,且结构参数和工作参数不同,根据达伦贝尔原理,同轴差速滚筒低/高速滚筒基本力学非线性微分方程如下式所示:

$$M=M_{p1}+M_{p2}=J_1\frac{d\omega_1}{dt}+B\omega_1^2+M_{f1}+M_{q1}(t)+J_2\frac{d\omega_2}{dt}+B\omega_2^2+M_{f2}+M_{q2}(t)$$

$$(5-3)$$

式中:M—传动链输入到差速滚筒的总扭矩,kg·m;

M_{p1}/M_{p2}—传动链输入到低/高速滚筒的扭矩,kg·m;

J_1/J_2—低/高速滚筒的转动惯量,kg·m²;

ω_1/ω_2—低/高速滚筒的角速度,1/s;

B—与滚筒转动时迎风面积有关的阻力系数,$B=(0.48\sim0.68)\times10^{-6}$;

M_{f1}/M_{f2}—低/高速滚筒的摩擦力矩,kg·m,$M_{f1}/M_{f2}=A\omega_{fi}$,系数 A 与轴承种类和传动方式有关,$A=(0.2\sim0.3)\times10^{-3}$;

M_{q1}/M_{q2}—低/高速滚筒脱粒时的阻力矩(为时间 t 的函数),kg·m。

2.被脱物单位质量质点 M 在 r、θ、z 坐标系的动力学微分方程

图 5-3(a)中 r-θ-z 为与被脱粒物同一角速度回转的圆柱坐标系,r_1、θ_1、z_1 分别表示被脱粒物质点 M_1、M_2 在该位置的径向变位、角变位和轴向变位,原点固定圆心上。mg,被脱粒物质点 M_1、M_2 的质量;F_t,弓齿对被脱粒物质点 M_1、M_2 的作用力;$\mu_t F_t$,脱粒齿对被脱粒物质点 M_1、M_2 摩擦阻力;$\mu_s F_s$,被脱粒物质点 M_1、M_2 所受凹板表面摩擦阻力;F_s,被脱粒物质点 M_1、M_2 所受凹板表面反力;μ_t,被脱粒物质点 M_1、M_2 对脱粒齿的动摩擦系数;μ_s,凹板表面对质点 M_1、M_2 的摩擦系数,取 $\mu_t=\mu_s=0.35$;δ脱粒齿的工作角,(°);ϕ,摩擦阻力 $\mu_s F_s$ 与凹板母线夹角,(°);r,被脱粒物质点 M 的径向位移;θ 被脱粒物质点 M 的角速度;

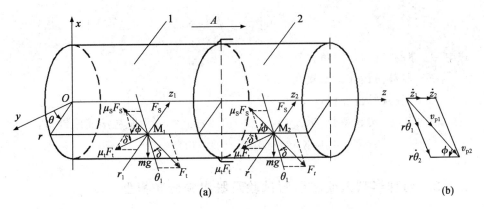

图 5-3　被脱粒物质点 M_1、M_2 在差速脱粒装置中的受力图(a)和速度图(b)

1.低速滚筒　2.高速滚筒

$\ddot{\theta}$ 被脱粒物质点 M 的角加速度。图 5-3(b)中，$\dot{z}_1$、$\dot{z}_2$ 为被脱粒物质点 M_1、M_2 的轴向速度；$r\dot{\theta}_1$、$r\dot{\theta}_2$ 为被脱粒物质点 M_1、M_2 的切向速度；v_{p1}、v_{p2} 为被脱粒物质点 M_1、M_2 的绝对速度。根据图 5-3 中各力在 r_1、θ_1、z_1 方向的投影，可建立位于高、低速滚筒中单位质量质点 M_1、M_2 的动力学微分方程：

$$\begin{cases} -r\dot{\theta}^2 = g\sin\theta - F_s \\ r\ddot{\theta} = g\cos\theta - \mu_s F_s \sin\varphi + F_t(\cos\delta + \mu_s \sin\delta) \\ \ddot{z} = -\mu_s F_s \cos\varphi + (\sin\delta - \mu_t \cos\delta)F_t \end{cases} \tag{5-4}$$

$$F_s = r\dot{\theta}^2 + g\sin\theta \tag{5-5}$$

$$F_t = \frac{m'_i \lambda v_i \sin\gamma}{(1-f)\cos\alpha} \tag{5-6}$$

式中：m'_i —低/高速滚筒单位时间内作物的进入量，kg/s；

　　　λ —被脱物圆周速度修正系数；

　　　v_i —高/低速滚筒的圆周速度，m/s；

　　　γ —滚筒盖导向板螺旋角，($°$)；

　　　f —搓擦系数；

　　　α —作物与导向板摩擦角，($°$)。

$$\varphi = \tan^{-1}\left(\frac{r\dot{\theta}}{\dot{z}}\right) \tag{5-7}$$

$$\delta = K_1(\frac{\pi}{2} - \psi)L_t K_2 \tag{5-8}$$

式中：δ——脱粒齿的作用角，($°$)；

ψ——脱粒弓齿排列螺旋角，($°$)；

L_t——脱粒弓齿导程，m；

K_1，K_2——实验系数，$K_1 = 0.417\exp(-25\alpha^2)$，$\alpha$ 为脱粒滚筒圆锥角，$\alpha = 0$，$K_1 = 1$；$K_2 = -0.1$。

5.1.3 两种半喂入脱粒装置试验及脱出物分布模型

1.试验条件及分布测定结果

试验在具有差速滚筒和单速滚筒的两种半喂入联合收获机上进行，由人工喂入，径向 5 行、轴向 8 列共 40 个接料斗设置在栅格凹板下，接料斗面积 10 cm×12 cm。试验水稻品种为超级稻"甬优-12"（单季稻），籽粒含水量为 27.4%，茎叶含水量为 63.2%，作物平均自然高度 124 cm，平均穗幅差 34 cm，平均产量 12 843 kg/hm²（856 kg/亩），平均草谷比 2.03∶1，平均种植密度 16.7 穴/m²，分布测定试验时，每次喂入作物数量相同，试验重复 3 次，脱粒滚筒在正常工作转速下工作。根据实验数据所作的 3D 分布模型如图 5-4 所示。

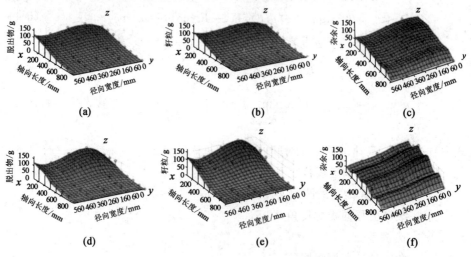

图 5-4 两种半喂入脱粒装置脱出物及各成分沿轴向和径向分布

(a)差速滚筒脱出物 (b)差速滚筒籽粒 (c)差速滚筒杂余

(d)单速滚筒脱出物 (e)单速滚筒籽粒 (f)单速滚筒杂余

2.3D 曲面数学模型

根据实验测定的脱出物及各成分在轴向和径向分布数据,利用 MATLAB 数字信号处理样条插值法,对坐标系 $X-Z$ 和 $Y-Z$ 分别作离散余弦傅立叶变换,求得 $Z(x)$ 和 $Z(y)$ 的数学关系式,进而建立 $Z=f(x,y)$ 的 3D 曲面数学模型 $Z=f(x,y)=\sqrt{Z(x)\cdot Z(y)}$。

(1)单速滚筒脱出物与籽粒模型

$$Z_1(x) = n_y[Z_{x0} + B_1\cos(P_x + \alpha_x) + B_2\cos(2(P_x + \alpha_x)) +$$
$$B_3\cos(3(P_x + \alpha_x)) + B_4\cos(4(P_x + \alpha_x)) + B_5\cos(5(P_x + \alpha_x)) +$$
$$B_7\cos(7(P_x + \alpha_x))] \tag{5-9}$$

$$Z_1(y) = n_x[Z_{y0} + A_1\cos(Q_y + \alpha_y) + A_2\cos(2(Q_y + \alpha_y)) +$$
$$A_4\cos(4(Q_y + \alpha_y)) + A_7\cos(7(Q_y + \alpha_y))] \tag{5-10}$$

$$Z_1 = \sqrt{Z_1(x)\cdot Z_1(y)} \tag{5-11}$$

(2)差速滚筒脱出物与籽粒模型

$$Z_2(x) = n_y[Z_{x0} + B_2\cos(2(P_x + \alpha_x)) + B_3\cos(3(P_x + \alpha_x)) +$$
$$B_5\cos(5(P_x + \alpha_x)) + B_7\cos(7(P_x + \alpha_x))] \tag{5-12}$$

$$Z_2(y) = n_x[Z_{y0} + A_1\cos(Q_y + \alpha_y) + A_2\cos(2(Q_y + \alpha_y))] \tag{5-13}$$

$$Z_2 = \sqrt{Z_2(x)\cdot Z_2(y)} \tag{5-14}$$

式中:n —样条插值后数据方阵 21×21 单边值,$n=21$;

Z_{x0},Z_{y0} —常数项,表示机构理想状态均匀分布值(取值见表 5-1);

P_x,Q_x —x 方向和 y 方向空间圆频率,$P_x=5.343\times10^{-3}$,$Q_x=4.274\times10^{-3}$;

α_x,α_y —x 方向和 y 方向空间初相位,$\alpha_x = \alpha_y = 7.480\times10^{-2}$;

A_i,B_i —系数(取值见表 5-1)。

表 5-1 Z_{x0}, Z_{y0}, A_i, B_i 数值

项目	差速滚筒		单速滚筒	
	混合物	籽粒	混合物	籽粒
Z_{x0}	184.071	171.442	159.570	149.543
Z_{y0}	100.342	83.712	82.561	67.105
$A1$	−106.552	−101.911	−77.485	−77.818
$A2$	25.201	29.263	12.759	20.590
$A4$	−10.386	−8.287		
$A7$	−11.824	−8.462		
$B1$	−24.941	−23.445		
$B2$	−25.561	−23.359	−15.194	−14.012
$B3$	33.728	31.659	19.465	16.338
$B4$	−5.703	−5.102		
$B5$	12.980	12.184	7.454	6.242
$B7$	6.588	6.184	3.780	3.162

将 x、y 值和各数值、系数代入式（5-9）、式（5-10）、式（5-12）和式（5-13），可分别求得单速和差速脱粒滚筒的 $Z(x)$ 和 $Z(y)$ 值，分别将 $Z(x)$、$Z(y)$ 值代入式（5-11）、式（5-14），可求得两种半喂入脱粒装置各测点的 Z 值。

3. 脱出物各成分 3D 模型分析

（1）从图 5-4（b）（e）可知，绝大部分籽粒已在脱粒滚筒前 2/3 段（0～667 mm，低速滚筒）脱下。

（2）脱粒滚筒前部是籽粒和脱出物脱下并分离最多部位。单速滚筒前部的转速比差速滚筒的低速段高，脱出物和籽粒在较大的切向力和离心力作用下，下落于脱粒装置内侧的振动板上（籽粒尤为明显），使振动板乃至整个清选筛负荷不均，影响清选质量；而差速滚筒脱出物和籽粒在振动板上的分布比较均匀。

（3）对杂余（含短茎秆和碎叶）测定表明，虽然差速滚筒后部的高速段转速高，但产生的杂余和前部低速段相近，这是因为作物到高速段时，茎秆已经过低速段弓齿梳刷，茎叶已少很多。

5.1.4 两种半喂入脱粒装置物料分布、杂余量和脱不净率比较

1.脱粒滚筒轴向前 2/3 段脱出物及各成分物料分布比较

脱粒滚筒前 2/3 段(差速滚筒为低速段)脱出物及各成分的百分比如表 5-2 所示。

表 5-2　脱出物及各成分前 2/3 段分布比较　　　　　　　%

装置	混合物	籽粒	杂余
差速滚筒	89.1	91.42	70.1
单速滚筒	92.91	93.34	84.05

说明 90% 以上籽粒已在低速段脱下,用高速将难脱籽粒脱下是可行的。

2.两种脱粒装置产生的杂余量比较

杂质(含短茎秆、碎茎叶)的数量多将增大清选负荷,影响清选质量。差速滚筒前段转速比单速滚筒低,碎茎叶比单速滚筒少,后段转速比单速滚筒高,碎茎叶比较多。经对甬优-12 超级稻室内试验测定,清选排出杂质占实验物料(含茎秆)总质量之比如表 5-3 所示。

表 5-3　两种脱粒滚筒杂质产生量　　　　　　kg

装置	试样	杂质
差速滚筒	10	1.24
单速滚筒	10	1.10

差速滚筒后段转速高,产生的碎茎叶等杂质比单速滚筒稍多。

3.两种脱粒装置脱不净率比较

为显示两种脱粒装置对难脱作物的适应性,试验用料为粳稻嘉优-2 号。籽粒与籽柄的平均连结力 2.31 N,穗幅差均值 10 cm,自然高度 1.08 m,千粒重均值 26.0 g,单产 8 441 kg/hm²,草谷比均值 1.88：1,籽粒含水率均值 16.9%,茎秆含水率均值 51.2%,测定面积各为 5×1.5=7.5 m²。测定 3 次均值如表 5-4 所示。

表 5-4　未脱净率测定结果

装置	试样理论籽粒质量/g	未脱下籽粒质量/g	脱不净率/%
差速滚筒	5 703	3.43	0.06
单速滚筒	5 703	8.85	0.16

同轴差速脱粒技术,利用了低速脱粒能降低籽粒破碎,高速脱粒能减少未脱净损失的特点,对半喂入联合收获机收获超级稻和粳稻时产生的脱不净损失问题,具有明显的效果。

图5-5(彩图5-5)为同轴差速脱粒半喂入联合收割机田间试验。

图5-5　同轴差速脱粒半喂入联合收割机田间试验

5.2　半喂入回转式栅格凹板

超级稻产量高、分蘖旺、茎叶发达,半喂入联合收割机收获时很容易出现脱粒滚筒堵塞影响生产效率。其原因之一是,半喂入联合收割机脱粒装置使用固定式凹板结构。收获时,经夹持链喂入脱粒滚筒和栅格凹板之间的厚密禾丛极易被凹板的横板阻塞等原因而引起堵塞;同时,由于禾丛厚密,与凹板接触的禾丛下层穗部不易被弓齿梳脱而易造成漏脱;再有,高产稻由于穗部沉重,在错过最佳收获期时穗部易出现折弯无法进入脱粒区而随秸秆排出机外,造成漏脱损失;为此开展了"回转式栅格凹板脱分装置"的试验研究。

5.2.1　回转式栅格凹板脱分装置结构设计

回转式栅格凹板脱分装置在半喂入联合收割机固定式脱分装置的基础上研发而成。新设计的回转式栅格凹板可沿脱粒滚筒圆弧方向循环运转,形成了上下两层间距为80 mm的活动栅格筛,凹板包角180°。回转式栅格凹板脱分装置三维结构如图5-6所示。

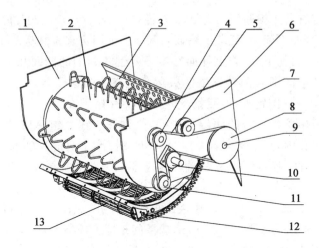

图 5-6　回转式栅格凹板脱粒分离装置三维结构示意图

1.左墙板　2.脱粒滚筒　3.多孔板　4.换向轮Ⅰ　5.Ｖ形传动带　6.右墙板　7.张紧轮

8.回转凹板驱动带轮　9.回转凹板主动轴　10.脱粒滚筒皮带轮　11.换向轮Ⅱ

12.回转凹板从动轴　13.回转栅格凹板

1.回转栅格凹板面积 F 和包角 β 计算

决定脱分装置生产率(进入脱分装置的联台收获机喂入量)的因素除与结构有关外,主要取决于脱粒滚筒与凹板的作用面积,即栅格式凹板的包围面积 F

$$F = \frac{q}{a} = BR\beta \qquad (5\text{-}15)$$

式中:F ——弧形栅格凹板包围面积,m²;

a ——栅格凹板单位面积生产率,kg/(m² · s),$a = 1.4 \sim 2$,取 $a = 2.0$;

q ——进入脱分装置的喂入量,kg/s,$q = 1.50$;

B ——半喂入栅格式凹板宽度,m,$B = 0.80$;

R ——弧形栅格凹板半径(圆心至弧形凹面定型片上表面距离),m,$R = 0.295$;

β ——弧形栅格凹板包角,rad。

将有关数值代入式(5-15),可先后求得 $F = 0.75$m²,$\beta = 3.17$ rad $= 181.70°$,取 $\beta = 180°$。

2.回转栅格尺寸 ab 和 筛孔率 ε 确定

如图 5-7 所示,回转栅格凹板安装在固定于机架的圆弧形凹板筛架(15)上,筛架下部固定有若干根厚 3 mm、由 3 根横轴(9、18、19)按间距(净空)b 穿接的下定型片(11)(凹面朝上,托着上筛面);筛架上部固定有 3 根厚 3 mm 的上定型片(4、7、12)(凸面朝下,压着上筛面),由下定型片朝上的凹面和上定型片朝下的凸面形成的空间即为回转栅格凹板运行轨道。凹板栅条内芯为 $\phi 5$ mm 钢丝,外套 $\phi 8.0$ mm 圆钢管,可绕钢丝转动。筛片栅条在上、下定型片之间滚动运行。若干根栅条(8、20)的两端和中部,分别套装在 3 组 A12 型套筒滚子链(1、5、13)的销孔内,其间套装着 3 组 A12 型套筒滚子链链片(3、6、10),构成一条柔性栅条筛片。连接滚子链和链片两端即成为宽 800 mm 的环形栅条筛即回转栅格凹板。栅条与脱粒滚筒轴平行,属纵向栅格凹板。固定在筛架上部的3 根上定型片(4、7、12)即为回转栅格凹板的横隔板;A12 型滚子链的销孔中心距(即两栅条的中心距)为 19.05 mm,栅条间距即为栅格孔宽 a,$a=11.05$ mm;固定在筛架下部、由 3 根横轴(9、18、19),按间距 b 穿接的若干根下定型片(11)以及滚子链链片和上定型片形成凹板栅格孔长 b,$b=50$ mm。经计算,回转栅格凹板的筛孔率 $\varepsilon=58\%$。据文献要求:$a=8\sim15$ mm,$b=30\sim50$ mm,$\varepsilon=40\%\sim70\%$。故可满足要求。回转栅格凹板结构剖视图如图 5-7 所示。

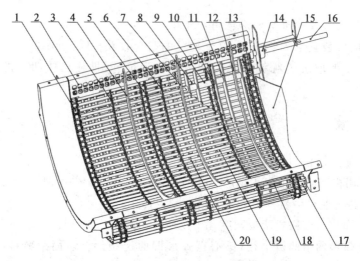

图 5-7　回转式栅格凹板三维结构剖视图

1.滚子链Ⅰ　2.多孔板　3.滚子链链片Ⅰ　4.上定型片Ⅰ　5.滚子链Ⅱ　6.滚子链链片Ⅱ

7.上定型片Ⅱ　8.凹板下层栅条　9.横轴Ⅰ　10.滚子链链片Ⅲ　11.下定型片

12.上定型片Ⅲ　13.滚子链Ⅲ　14.轴承座　15.凹板筛架　16.回转凹板驱动轴

17.回转凹板从动轴　18.横轴Ⅱ　19.横轴Ⅲ　20.凹板上层栅条

3. 栅格凹板驱动轮转速 n_2 及其栅格凹板线速度 v_2 与滚筒线速度 v_1 之比

根据回转栅格凹板上、下两层间距为 80 mm 设计要求,取主动链轮半径 $R_2=0.041$ m,回转栅格凹板线速度 v_2 取值 1 m/s。回转栅格凹板转速 n_2 可由式(5-16)求得:

$$n_2 = \frac{30v_2}{R_2\pi} \tag{5-16}$$

将数据代入式(5-16)可求得 $n_2 = 208$ r/min,实际脱粒滚筒弓齿齿顶线速度 $v_1 = 16.69$ m/s,回转凹板表面线速度 v_2 与脱粒滚筒弓齿齿顶线速度 v_1 的比例为 1/17。

图 5-8 为回转式栅格凹板。

图 5-8   回转式栅格凹板

5.2.2   回转式栅格凹板脱分系统工作原理

(1)脱净原理   回转式栅格凹板的上筛面沿脱粒滚筒圆弧方向循环运转,其表面线速度的方向与脱粒齿顶线速度方向相同,由夹持链喂入的被脱作物,其上、下禾层同时受到脱粒弓齿和凹板栅条的梳刷、冲击脱粒,脱净率高。

(2)防堵原理   由于栅格凹板循环运转和筛面的振动使脱出物快速分离,凹板上表面不会积留籽粒或碎茎叶,防止了脱粒滚筒堵塞。

(3)分离原理   脱出物通过凹板上表面的栅格落到下表面,再穿过下表面的栅格,籽粒和碎茎叶可均匀地撒布在振动板或振动筛上,有利于脱出物的进一步清选。

5.2.3 回转式栅格凹板脱粒装置理论分析

1.回转凹板脱粒装置运动方程式

$$KS \geqslant \frac{60 v_j}{\psi p n_2} \tag{5-17}$$

式中:K —— 脱粒滚筒螺旋线数;

S —— 同一齿迹上相邻两齿梳脱作物过程中的螺旋排列的列数;

v_j —— 夹持喂入链速度,m/s;

p —— 梳距(相邻齿列上弓齿梳刷作物的间距),m;

ψ —— 脱粒滚筒转速和回转凹板转速之比;

n_2 —— 回转凹板转速,r/min,$n_2 = n_1/\psi$(n_1 为脱粒滚筒转速,r/min)。

回转凹板脱分系统运动方程式表示了脱粒滚筒结构参数(K,S)和运动参数(n_1, n_2, v_j, p)的关系,弓齿排列必须考虑滚筒转速和夹持喂入链速度;改变滚筒转速时,也应相应改变夹持喂入链速度。

2.被脱粒物质点凹板侧受力分析

在脱粒过程中,被脱粒物质点 M 除了受到重力 mg 的作用外,还受到弓齿作用力 F_t,甚至同时(间接)受到弓齿和回转栅格凹板的主动力 F_t 和 F_a 的作用,以及由此产生的被动力 $\mu_t F_t$、F_s、$\mu_s F_s$ 和 $\mu_a F_a$ 等,如图 5-9(a)所示,速度图如图 5-9(b)所示。

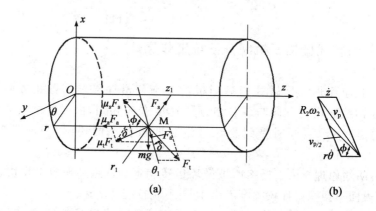

图 5-9　被脱粒物质点 M 在回转式凹板脱粒装置中的受力图(a)和速度图(b)

图 5-9(a)中，r-θ-z 为与被脱粒物同一角速度回转的圆柱坐标系，r_1、θ_1、z_1 分别表示被脱粒物质点 M 在该位置的径向变位、角变位和轴向变位，原点固定圆心上。其结构参数和运动参数如下：mg—被脱粒物质点 M 重量；F_t—弓齿对被脱粒物质点 M 的作用力，$\mu_t F_t$—脱粒齿对被脱粒物质点 M 摩擦阻力，F_a—被脱粒物质点 M 所受回转凹板表面的作用力，$\mu_a F_a$—被脱粒物质点 M 所受回转凹板表面的摩擦阻力，$\mu_s F_s$—被脱粒物质点 M 所受回转凹板表面摩擦阻力，均位于过 M 点的圆柱切平面内；F_s—被脱粒物质点 M 所受回转凹板表面垂直反力指向圆心；μ_t—被脱粒物质点 M 对脱粒齿的动摩擦系数，μ_a—回转凹板表面对被脱离物质点 M 的阻力系数，μ_s—回转凹板表面对被脱离物质点 M 的阻力系数，取 $\mu_t = \mu_a = \mu_s = 0.35$；$\delta$—脱粒齿的工作角，(°)；$\phi$—摩擦阻力 $\mu_s F_s$ 与回转凹板母线夹角，(°)。图 5-9(b)中，z—被脱粒物质点 M 的轴向速度，m/s；$r\dot\theta$—被脱粒物质点 M 的切向速度，m/s；$R_2\omega_2$—回转凹板线速度，m/s；v_p—被脱粒物质点 M 的绝对速度；$v_{p/2}$—相对于回转凹板的相对速度，m/s。各力过 M 点的圆柱截面和圆柱切面上的分布如图 5-10 所示，在 r_1、θ_1、z_1 方向的分量如表 5-5 所示。

表 5-5　各力在 r_1、θ_1、z_1 方向分力

作用力	r_1 方向分量	θ_1 方向分量	z_1 方向分量
mg	$mg\sin\theta$	$-mg\cos\theta$	0
F_s	$-F_s$	0	0
$\mu_s F_s$	0	$\mu_s F_s \sin\phi$	$-\mu_s F_s \cos\phi$
F_t	0	$-F_t \cos\delta$	$F_t \sin\delta$
$\mu_t F_t$	0	$-\mu_t F_t \sin\delta$	$-\mu_t F_t \cos\delta$
F_a	0	$-F_a$	0
$\mu_a F_a$	0	0	$-\mu_a F_a$

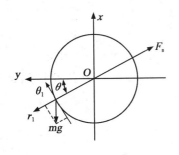

(a) 过 M 点的圆柱截面

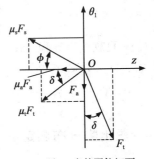

(b) 过 M 点的圆柱切面

图 5-10　被脱粒物质点 M 受力图

3.动力学微分方程

根据各力在 r_1、θ_1、z_1 方向的投影,可建立单位质量质点 M 在 r、θ、z 坐标系的动力学微分方程:

$$\begin{cases} -r\dot{\theta}^2 = g\sin\theta - F_s \\ r\ddot{\theta} = g\cos\theta - \mu_s F_s \sin\varphi + F_t(\cos\delta + \mu_s \sin\delta) + F_a \\ \ddot{z} = -\mu_s F_s \cos\varphi + F_t \sin\delta - \mu_t F_t \cos\delta - \mu_a F_a \end{cases} \quad (5\text{-}18)$$

$$F_s = r\dot{\theta}^2 + g\sin\theta \quad (5\text{-}19)$$

$$F_a = r\ddot{\theta} - g\cos\theta + \mu_s F_s \sin\varphi - F_t(\cos\delta + \mu_t \sin\delta) \quad (5\text{-}20)$$

$F_t\cos\delta$ 为弓齿对被脱粒物质点 M 的作用力在 θ_1 方向的分力,根据动量定理:

$$F_t = \frac{m_i' \lambda v_i \sin\gamma}{(1-f)\cos\alpha} \quad (5\text{-}21)$$

式中:m_i' ——低/高速滚筒单位时间内作物的进入量,kg/s;

λ ——被脱物圆周速度修正系数;

v_i ——高速滚筒/低速滚筒的圆周速度,m/s;

γ ——滚筒盖导向板螺旋角,(°);

f ——搓擦系数;

α ——作物与导向板摩擦角,(°)。

$$\delta = K_1\left(\frac{\pi}{2} - \psi\right)L_t K_2 \quad (5\text{-}22)$$

$$\phi = \tan^{-1}\left(r\frac{\dot{\theta}}{\dot{z}}\right) \quad (5\text{-}23)$$

式中:L_t ——脱粒弓齿导程,m;

K_1,K_2 ——实验系数,$K_1 = 0.417\exp(-25\alpha^2)$,$\alpha$ 为脱粒滚筒圆锥角 $\alpha = 0$,$K_1 = 1$,$K_2 = -0.1$。

5.2.4 脱出物分布测定

为考察活动式栅格凹板脱分装置脱出物分布情况,进行了脱出物分布试验。接料箱中装有 4×9 共 36 个高度为 50 mm 的方形接料盒,安装于收割机筛箱架上(除去筛箱)。接料盒沿脱粒滚筒径向从夹持链侧开始编号为 1～4 行，沿脱粒滚筒轴向从喂入端开始编号为 1～9 列。试验时筛箱架和清选风扇停止工作。试验结果：接料箱中脱出物分布情况如图 5-11 所示，接料箱上各格子籽粒分布(％)如表 5-6 所示，使用 MATLAB 软件绘制了接料箱籽粒分布(％)曲面图如图 5-12 所示。

图 5-11　接料箱上脱出物分布情况

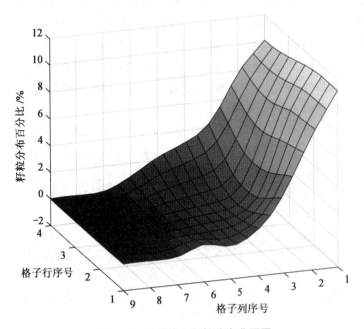

图 5-12　接料箱上籽粒分布曲面图

表 5-6　接料箱上各格子籽粒分布　　　　　　　　　　％

列号\行号	1	2	3	4	5	6	7	8	9
1	11.19	7.91	4.00	1.47	0.47	0.83	0.12	0.03	0.02
2	11.10	7.60	2.36	0.84	0.58	0.30	0.14	0.02	0.01
3	10.45	6.87	2.40	1.11	0.74	0.40	0.07	0.01	0.01
4	10.09	7.84	4.54	3.09	2.23	1.02	0.10	0.03	0.01

接料箱上各格子籽粒分布数据表明,前部 1～6 列接料盒子中的籽粒占全部脱粒籽粒的 99.44%,说明水稻在脱粒行程的 65% 左右时已基本完成脱粒,活动式栅格凹板脱分装置脱分性能良好;接料箱前部(振动板部分)籽粒分布比较均匀,说明活动式栅格凹板对脱出物分离起到了一定的均布作用,有利于脱出物的进一步分离和清选。

5.2.5　回转式栅格凹板半喂入联合收割机田间试验

作物条件:水稻品种为甬优-15,单产 10 000 kg/hm²,籽粒含水量 20%,茎秆含水量 62.6%,试验机和对比机型均为莱恩 LION 65A 型(4LBZ-145),试验机具有回转式凹板筛脱粒装置,对比机是固定凹板筛脱粒装置。结果表明,试验机的作业效率是对比机的 1.5 倍,且作业质量均符合要求。其主要原因是试验机的凹板筛是转动的,脱粒滚筒不易堵塞,因此可以在高速挡作业。而对比机是固定凹板筛脱粒装置,只能在标准挡工作。

图 5-13(彩图 5-13)为回转式栅格凹板半喂入联合收割机间试验。

图 5-13　回转式栅格凹板半喂入联合收割机田间试验

水稻联合收割机新型工作装置设计与试验

5.3 不沾水清选筛

半喂入联合收割机的清选系统根据比重原理和筛分原理进行清选,均利用气流来完成。清选筛结构如图 5-14 所示。从脱粒滚筒凹板分离下落的谷粒和碎茎叶等混合物进入抖动板。由于抖动板的振动作用,比重大的谷粒和比重小的碎茎叶边分离边下落到上筛(百叶窗筛)上,在风扇产生的气流和百叶窗筛的共同作用下,谷粒和碎茎叶被筛分,谷粒从振动筛落入螺旋输送器。谷粒和碎茎叶黏附在抖动板和颖壳筛上则产生堵塞,引起清选损失急增。因此对振动筛和抖动板进行了聚四氟乙烯处理。谷粒等含水量高的上午 9 时前和下午 5 时后的脱粒清选损失,均能达到国家规定的标准,从而扩大了作业时间范围,提高了单机利用率。

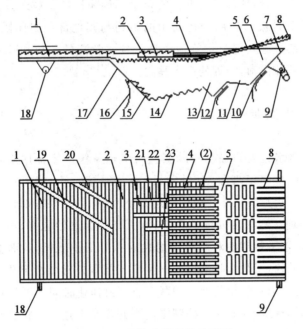

图 5-14   不沾水清选筛示意图

1.抖动板 2.上筛(百叶窗筛) 3.逐蒿板 4.指筛 5.冲孔板 6.侧箱板 7.后箱板 8.尾筛 9.曲柄轴
10.塑料挡板   11.杂余出口   12.橡胶挡板   13.籽粒出口   14.下筛(编织筛)   15.下抖动板
16.塑料密封板   17.前挡板   18.滑轮   19.斜导向杆 A   20.斜导向杆 B
21.纵导向杆 A   22.纵导向杆 B   23.纵导向杆 C

5.3.1　脱出物清选过程及物料黏附

图 5-14 中,振动筛筛箱工作时在曲柄轴(9)驱动下产生上下运动。由脱粒滚筒脱下以水稻籽粒为主的混合物,经凹板分离到抖动板(1)上后,在阶梯齿的作用下向右运动,较重的籽粒等落到了上筛(2)上,并在下抖动板(15)的阶梯齿作用下送到下筛(14)上,在振动和气流作用下进一步筛选后,经下筛(14)进一步清选落到籽粒螺旋输送器中送到集粮箱;混合物中体积较大并混有籽粒和未脱净小穗的碎茎蒿等,则送上逐蒿板(3),在阶梯齿的作用下继续向右运动,经指筛(4)落下的籽粒落到上筛(2)筛选,从冲孔板(5)落下的籽粒,经籽粒出口(13)和杂余出口(11)进入位于下方的籽粒螺旋输送器和杂余输送器。而包括未脱净小穗头和未被清选气流吹出机外的小茎蒿等杂余,则从尾筛(8)落下从杂余出口(11)排出,落到位于其下方的杂余螺旋输送器中被送去复脱。塑料挡板(10)和塑料密封板(16)用于运动中的筛箱与其他部件封闭隔离,橡胶挡板(12)用于防止杂余进入籽粒螺旋输送器。含水量高的谷粒和碎茎秆在抖动板(1)和上筛面(百叶窗筛,2)等处产生黏附。

5.3.2　不沾水涂装处理设计

为防止茎含水量高的谷粒和碎茎秆与清选系统的零部件黏附而引起作业性能下降甚至产生堵塞现象,对抖动板(1)及斜导向杆 A(19)和 B(20)、上筛(2)、逐蒿板(3),指筛(4)、冲孔板(5)、尾筛(8)等筛箱上层零部件进行了涂装聚四氟乙烯的处理。经涂装处理的零部件,其表面耐磨性能好,不粘水、不粘污,不易被腐蚀,防止了零部件对脱出物的黏附并降低了能耗,从而扩大了联合收割机作业时间,提高了联合收割机的利用率。据国外对 2 行半喂入联合收割机试验资料表明:清选筛经涂装处理的联合收割机作业时间上可延长 2 h;各时间段的脱粒功率都有所下降;通过控制排尘板开度与上述氟化树脂涂装措施的综合效果,可使联合收割机的燃油消耗下降 10% 左右。清选筛经涂装处理与未经涂装处理,作业时间与脱粒功率和清选损失的关系如图 5-15 所示。

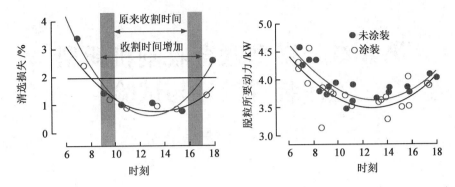

图 5-15 作业时间与清选损失和脱粒功率的关系

5.3.3 不沾水涂装处理工艺

1.涂装前表面处理

表面处理对涂层和基体金属的结合强度影响很大。对振动筛中需喷涂处理的部件应进行涂装前的表面处理,包括表面清理、预加工和预热:用碱水和清水清除零件表面油污、氧化物,用砂布打磨表面锈层,对零件表面进行喷砂预加工以提高结合强度,还需将涂装零件放到加热炉中预热到240～250℃。

2.喷涂和喷后处理

将喷枪压力控制在 8 MPa 左右,先对已预热的零件喷过渡层(0.06～0.13 mm)。再喷涂工作层(0.3～0.5 mm)。喷涂应连续进行不可间断。喷后需在240～250℃温度下进行保温3～6 h,再缓慢自然冷却。经涂装处理的上筛如图 5-16 所示。

图 5-16 经涂装处理的上筛(百叶窗筛)

第6章 微型联合收割机新型工作装置设计与试验
——气流式清选装置

丘陵山地地形比较复杂,梯田、山坡地、套种地多,且地块小、道路窄。小型、优质的微型自走式联合收获机很受期待。该类机型我国在 20 世纪 90 年代末发展起来,一般配套于 5.8 kW 以上手扶拖拉机上,具有结构简单、体积小、转移方便等特点,适合丘陵山区使用。但由于受结构尺寸和配套功率的限制通常没有清选装置,因而籽粒含杂率高。气流清选装置结构简单、占用空间不大且工作可靠,适合在微型联合收获机上应用。

带气流式清选装置微型联合收割机如图 6-1 所示。

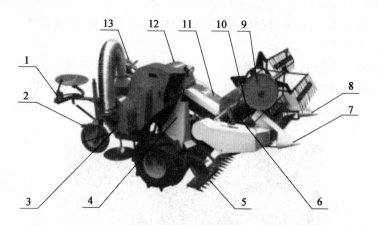

图 6-1　带气流式清选装置微型联合收割机
1.液压升降手柄　2.乘座导向装置　3.气流式清选装置　4.防护罩　5.下割刀　6.喂入口
7.右分禾器　8.左分禾器　9.拨禾机构　10.割台搅龙　11.输送装置
12.脱粒装置　13.操纵机构

6.1　气流式清选装置结构与工作原理

气流式清选装置,主要由清选筒、吸风管和吸入型通用离心式机组成,其整体结构如图 6-2 所示。

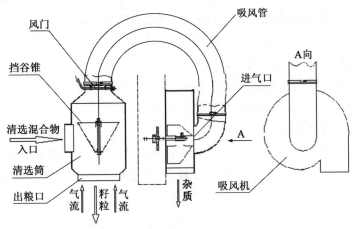

图 6-2　气流式清选装置结构及工作原理示意图

气流式清选装置工作原理:在高速运转的吸入型通用离心风机(简称吸风机)作用下,气流从出粮口吸入清选筒。待清选的混合物由喂料抛送器送入清选筒后(小部分气流随之进入),冲击偏心安装于清选筒中的挡谷锥并带动混合物旋转,在离心力的作用下混合物被散开,其中质量大的籽粒等被抛到清选筒内壁。由于从出粮口吸入的空气流速小于籽粒的飘浮速度而大于颖壳、稻糠等杂质的飘浮速度,因此籽粒沿清选筒内壁旋转下滑,经出粮口排入集谷箱;颖壳、稻糠等杂质则穿过挡谷锥与清选筒壁之间的环形空间,进入吸风管由吸风机排到机外。在与清选筒连接处的风门开度可根据物料情况进行调节,以获得最佳的清选质量。

6.2　气流式清选装置设计计算

6.2.1　清选筒设计计算

1.清选气流流量 Q

清选筒的清选能力(生产率)由清选气流流量和出粮口大小决定。所需清

选气流流量由下式求得:

$$Q = \frac{q\varepsilon}{\mu\rho} \qquad (6\text{-}1)$$

式中:Q—所需清选气流流量,m³/s;

    q—机器喂入量,kg/s,取 0.45;

    ε—需清除的杂质占喂入量的比例,全喂入机型水稻 ε 为 10%~15%,小麦 ε 为 15%~20%,取 15%;

    ρ—空气密度,kg/m³,取 1.20;

    μ—携带杂质气流的混合浓度比,μ=0.2~03,取 0.25。

    代入式(6-1)可求得 Q=0.225,取 0.23 m³/s。

2.清选筒参数确定

清选筒直径和高度既要满足清选要求也要考虑整机布置和空间,两端为便于出粮和排杂,各以锐角收缩与出粮口和出风口连接。各结构参数见图 6-3 和表 6-1。

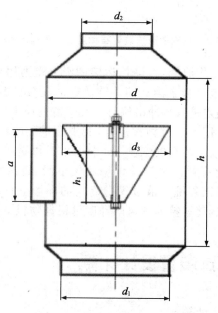

图 6-3　清选筒结构参数示意图

表 6-1　清选筒结构参数和工作参数

参数	公式	取值
筒体直径 d/mm	整机布置和空间	300
高度 h/mm	整机布置和空间	280
出粮口（进风口）直径 d_1/mm	$d_1 = 1.13\sqrt{Q/v_1}$	230
出粮口（进风口）面积 S_1/m²	$S_1 = \pi(d_1/2)^2$	0.042
出风口直径 d_2/mm	$d_2 < d_1$	160
挡谷锥 d_3/mm，h_1/mm	偏置垂线 30 mm	160,160
进料口尺寸 $a \times a$/m·m	正方形	0.15×0.15
进料口面积 S_2/m²	$S_2 = 0.15 \times 0.15$	0.022
清选谷粒流量 q_1/(kg·s)	$q_1 = kd_1$	0.30
	$k = 1.3 \sim 2.19$	$k = 1.30$
清选筒进口风速 v_1/(m/s)	无沉降室	5.5
进风总面积 S/m²	$S = S_1 + S_2$	0.05
风量 Q/(m³/s)	$Q = v_1 S$	0.23

6.2.2　吸风管设计计算

1.吸风管直径 d_2

吸风管直径等于清选筒出口直径，$d_2 = 160$ mm。

2.吸风管风速 v_2

吸风管风速即清选筒出口风速 v_2 可根据吸风管直径 d_2 和空气流量 Q 求得。

$$v_2 = \frac{4Q}{\pi d_2^2} \tag{6-2}$$

代入数据，可求得 $v_2 = 11$ m/s，大于稻麦颖壳临界速度（$v_p = 0.6 \sim 5.0$ m/s）和短茎秆临界速度（$v_p = 5.0 \sim 6.0$ m/s），可将稻麦颖壳和短茎秆排出机外而不会将稻麦籽粒排出引起损失。速度分布横向剖面云图显示，倒锥挡筒和清选筒内壁之间风速为 6 m/s 左右，小于稻麦籽粒最大临界速度 11.5 m/s，稻麦籽粒将沿清选筒侧壁旋转下滑进入集粮筐，而不会进入吸风管被排到机外。

6.2.3 吸风机设计计算

吸风机需满足清选筒清选所需空气流量 Q（风量）和出粮口进风风速 v_1 的要求。气流式清选装置的风机与传统的"风机＋振动筛"式的风机不同，采用的不是常用的吹出型农用离心式清选风机（宽形双面进风），而是吸入型通用离心式风机（窄形单面进风）。为了吸走分离筒内的轻微杂质，要求吸风管断面内具有均匀的风速，因此风机叶轮壳体需采用螺旋蜗壳形。

1.吸风机全压 h_p（负压）计算

$$h_p = h_j + h_d \tag{6-3}$$

$$h_j = h_{j1} + h_{j2} + h_{j3}$$

$$= \frac{\xi l \rho v_2^2}{2rg} + \frac{\psi \rho v_2^2}{2g} + \frac{\lambda \rho v_2^2}{2g} \tag{6-4}$$

$$h_d = \frac{\rho v_2^2}{2g} \tag{6-5}$$

式中：h_d——动压，气流获得的动能，Pa；

h_j——静压，用于克服空气在流动中的阻力，Pa；

h_{j1}——沿程压头损失，Pa；

h_{j2}——局部压头损失，Pa；

h_{j3}——进出口压头损失，Pa；

ξ——空气流动时管壁对气流的摩擦系数，径向叶片 $\xi = 0,3 \sim 04$，取 0.35；

U——管道断面周长，m，$U = \pi d_2 = 0.47$；

F——管道断面积，m^2，$F = 0.018$；

r——水力半径，m，$r = F/U = 0.038$；

l——管道长度，m，$l = 1.1$；

ψ——特殊管道（变形断面）对气流阻力系数，90°弯时 $\psi = 0.35$；

λ——风机进出口对气流的阻力系数，本机有进风管，取 0.6；

v_2——空气在管道中的流速（风机进口风速），m/s，$v_2 = 11.0$；

Q——空气流量，m^3/s，$Q = 0.23$；

ρ——空气密度，$\mathrm{kg/m}^3$，$\rho = 1.2$；

g——重力加速度，9.8 $\mathrm{m/s}^2$。

将数据代入式(6-4)可以求得 $h_{j1} = 734.85$ Pa，$h_{j2} = 25.41$ Pa，$h_{j3} = 43.56$ Pa，

$$h_j = 803.82 \text{ Pa}$$

将数据代入式(6-5)和式(6-3):

$$h_d = 72.60 \text{ Pa}$$

$$h_p = h_j + h_d = 876.42 \text{ Pa}$$

2.吸风机转速计算

$$n = \frac{60}{\pi D_2} \sqrt{\frac{h_p g}{\varphi \rho}} \qquad (6\text{-}6)$$

式中 φ 为系数,$0.35 \sim 0.4$,取 0.4,代入式(6-6),得 $n = 3\,031.8 \text{ r/min}$,取 $n = 3\,000 \text{ r/min}$。

3.吸风机结构参数计算

吸风机结构如图 6-4 所示,各参考计算见表 6-2。

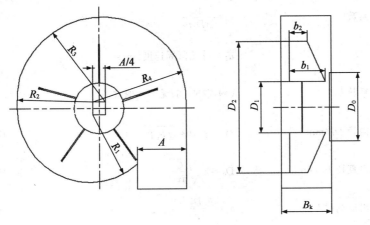

图 6-4　吸风机结构示意图

4.吸风机功率计算

$$N = \frac{Qh}{1\,000 \eta \eta_m} \qquad (6\text{-}7)$$

式中:N—吸风机功率,kW;

　　　η—全压效率,$\eta = 0.45 \sim 0.6$,取 0.5;

　　　η_m—机械效率,取 0.92。

代入数据:$N = 0.44 \text{ kW}$。

表 6-2　吸风机结构参数计算

参数	公式	取值
吸风机设计原始数据		
吸风机全压 h/Pa		876.42
空气流量 Q/(m³/s)		0.23
吸风管风速 v_2/(m/s)		11.0
叶轮外径 D_2/mm		270
（$D_2 = 250 \sim 400$ mm）		
吸风机转速 n/(r/min)		3 000
吸风机比转数 n_s	$n_s = \dfrac{nQ^{1/2}}{h^{3/4}}$	8.94
流量系数 $\bar{k}_v$	$\bar{k}_v = \dfrac{4Q}{\pi D_2^2 u_2}$	0.099
	u_2—叶轮圆周速度,m/s	
压力系数 $\bar{k}_h$	C-4-72No.5,无因次曲线图	0.45
叶轮内径 D_1/mm	$D_1 = 1.194 \sqrt[3]{\bar{k}_v} D_2$	120
进风口直径 D_0/mm	$D_0 = 2\sqrt{\dfrac{Q}{\pi v_2}}$	160
叶片出口宽度 b_2/mm	$b_2 = \dfrac{\bar{k}_v D_2}{4\bar{\varphi}}$	33
进口宽度 b_1/mm	$b_1 = \dfrac{D_2}{D_1} b_2$	74
叶片数 Z	$Z = k_1 \dfrac{D_2 + D_1}{D_2 - D_1}$	5
	k_1—系数,$k_1 = 2 \sim 4$,取 $k_1 = 2$	
螺旋蜗壳作图半径 R/mm	$R_x = \dfrac{D_2}{2} + \dfrac{xA}{8}$	$R_1 = 140, R_2 = 150$
	$A = 40$ mm,$x = 1,3,5,7$	$R_3 = 160, R_4 = 170$
外壳宽度 B_k/mm	$B_k = (1.5 \sim 2.0) b_1$	120

6.3　清选筒气流流场仿真

为验证工作参数和结构参数选用是否合理,以及清选筒气流流场的实际工况,用 CFdesign 软件进行了清选筒气流流场仿真分析。

6.3.1　清选筒建模

以清选筒上顶面中心为坐标原点,筒体轴线为 z 轴,垂直于进料口截面为 x 轴建立坐标系。首先按照清选筒的设计几何参数,在 CATIA 三维 CAD 软件中建立清选筒和圆锥形挡谷筒等三维实体模型;然后将三维实体模型导入 Hypermesh 软件中,根据进气系统的结构,选取自由网格实体单元 ctria3 进行划分,将实体模型共划分为约 10 万个非均匀四面体网格单元,导入 CFdesign 软件进行仿真计算。

6.3.2　计算方法

将清选筒网格化后输出的.nas 格式文件导入 CFdesign 软件中,并进行仿真条件设置。由于清选筒内物料相对于气流所占的体积很小,在气相流场模拟时可忽略固相物料颗粒对气相流场的影响。清选筒内的气流为非稳态的三维旋转湍流气流,且气体流速不高,故可将气体按不可压缩介质处理,分析计算采用低雷诺数 K-ε 湍流模型。

6.3.3　边界条件

出粮口为干净谷粒落料口,在筒内负压的作用下同时也是气流进入清选筒的主入口,将此处设置为压力进口边界,表压强设为标准大气压;进料口处,空气由抛送器获得进入清选筒的初速度,故将进料口处的边界条件设为速度入口边界;出风口连接吸风管和吸风机,将吸风口处的边界条件设为速度出口边界。

6.3.4 计算结果与分析

1.流场压力分析

经 CFdesign 软件仿真计算收敛后,取 $x=0$ mm 截面处压力值,得 $x=0$ mm 的截面静压分布云图(图 6-5,彩图 6-5)。

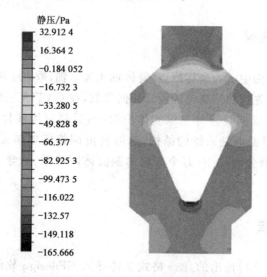

静压/Pa

```
 32.912 4
 16.364 2
 -0.184 052
 -16.732 3
 -33.280 5
 -49.828 8
 -66.377
 -82.925 3
 -99.473 5
 -116.022
 -132.57
 -149.118
 -165.666
```

图 6-5　$x=0$ 截面静压分布纵向剖面云图

静压云图分布显示筒内静压为负压,沿筒体轴线方向变化不大,径向压力分布基本呈轴对称分布,有利于杂质从清选筒内各处向出风口排出。由于清选筒内倒锥形挡谷筒的存在,在挡谷筒锥顶附近形成了一个比较明显的压力变化边界且静压较高,有利于周围杂质外排。

图 6-6 为 $x=0$ 截面上不同高度处的静压分布曲线。不同高度压力值分布基本呈轴对称形状,清选筒内由于挡谷筒的存在,图中高度 $z=-250$ mm 和 $z=-350$ mm 处静压曲线被隔断而不连续,其中高度 $z=-250$ mm 处于进料口附近,由于进料口进风的影响,压力值出现明显变化;高度 $z=-450$ mm 处静压分布曲线出现峰值,这是由于倒锥挡谷筒顶面的阻挡作用;高度 $z=-150$ mm 处接近吸风管,静压值沿径向波动较大,但由于倒锥挡谷筒的存在,使得压值波动变得更加缓和。

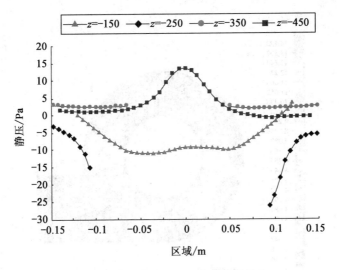

图 6-6 $x=0$ 截面上不同高度静压分布

2. 流场速度分析

图 6-7(彩图 6-7)和图 6-8 分别为 $x=0$ 截面速度分布矢量图和 $z=-320$ mm 高度处速度分布云图。

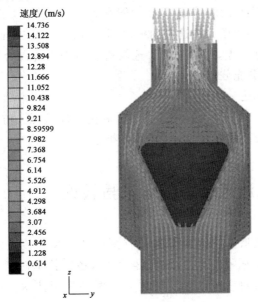

图 6-7 $x=0$ 截面速度分布纵向剖面矢量图

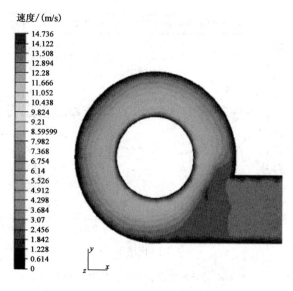

速度/(m/s)

14.736
14.122
13.508
12.894
12.28
11.666
11.052
10.438
9.824
9.21
8.59599
7.982
7.368
6.754
6.14
5.526
4.912
4.298
3.684
3.07
2.456
1.842
1.228
0.614
0

图 6-8　z＝－320 mm 速度分布横向剖面云图

图 6-7 显示,在通过清选筒中心轴的截面上,从出粮口和进料口进入清选筒的气流速度向上,且倒锥挡谷筒的周边的速度为 6～7 m/s,小于稻麦籽粒的飘浮速度,大于杂余颗粒的飘浮速度,因此能有效地将谷物和杂余分离、清选。图6-8 显示倒锥挡谷筒外壁和清选筒内壁之间的气流速度在 6 m/s 左右,靠近壁面的气流速度接近于零,有助于从清选筒进料口进来的混合物碰击筒壁后散开,使混合物各成分充分接触气流。

3.颗粒运动轨迹

图 6-9 和图 6-10 分别为籽粒和杂质颗粒运动轨迹图。仿真计算显示气流式清选装置具有较好的籽粒和杂质颗粒的清选分离功能。

6.4　气流式清选装置田间试验验证

对装有气流式清选装置微型联合收割机和未装气流式清选装置微型联合收割机进行了水稻收获对比试验。经测定,各项技术性能指标都达到了国家机械工业行业标准 JB/T 5117 的要求。两种机型技术性能指标对比见表6-3。

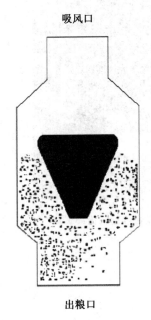

图 6-9　谷物颗粒运动轨迹图　　图 6-10　杂余颗粒运动轨迹图

表 6-3　两种机型技术性能指标对比

项目	JB/T 5117 行标	无气流式清选装置	有气流式清选装置
总损失率/%	≤3.0	3.8	2.34
破碎率/%	≤2.0	1.5	1.4
含杂率/%	≤1.5	7.2	1.2
生产率/(hm²/h)		0.07	0.08

　　气流式清选技术的应用使含杂率明显下降,从 7.2% 下降到 1.2%,下降了 83.33%,解决了微型联合收割机稻麦收获的作业质量问题。气流式清选装置无筛分机构,结构简单体积小,仍保留操纵灵活、转移方便等微型联合收割机的特色。

　　图 6-11(彩图 6-11)为气流式清选装置微型联合收割机田间试验。

图 6-11　气流式清选装置微型联合收割机田间试验

第7章 联合收割机新型行走
装置设计与试验

——原地转向行走变速器

水稻联合收割机普遍采用橡胶履带式行走机构,为提高作业效率和机动性,减少作业中的空行程,要求行走变速箱具有优越的转向性能,小田块作业时尤为如此。实现机器的原地转向是提高联合收获机转向性能的有效手段。现有履带式联合收割机变速箱均以单侧履带完全制动获得最小转向半径(大半个轨距)。作业时切断一侧履带的动力使其前进速度降低,两侧履带的速度差使机器转大弯,此时空行程大;若将一侧履带完全制动使其前进速度为零,此时转向半径最小但制动履带刮土严重、破坏土壤且产生制动功耗;两侧履带速度相等、方向相反运转,则可实现理论半径为零的原地转向,并且能克服制动履带在地上拖动、积泥而增大阻力、破坏地表的缺点。

7.1 基本结构和工作原理

为使驱动轮一正一反旋转实现机器原地转向,行走变速箱必须具备两路独立的动力流。本设计在液压马达动力输入变速箱后将其分为 A、B 两路正、反转动力流,A 路正转动力流由驱动齿轮(1)经中央传动齿轮(4)及两侧牙嵌离合器齿轮(10 和 19)向两侧(或一侧)传送正转动力;B 路反转动力流由与驱动齿轮(1)位于同一轴上的右或左反转驱动齿轮(2 或 24)驱动,经右或左换向齿轮(5 或 23)、右或左反转离合器齿轮(9 或 20)和右或左牙嵌离合器齿轮(10 或 19)向右或左侧传送反转动力。当向右做原地转向时,只需操纵右侧拨叉(8)向右倾斜,使右侧牙嵌离合器与中央传运齿轮(4)分离后与右侧反转离合器(6)结合,反转动力即由右牙嵌离合器齿轮(10)经右传动齿轮(11)使右驱动轮反向运转。由于驱动齿轮(1)和右反转驱动齿轮(2)齿数相等,中央传动齿轮(4)和右反转离合器齿轮(9)齿数相等,故可使左、右驱动轮(15 和 14)转速相等,方向相反,实现机器向右原地转向。若仅使右嵌离合器与中央传动齿轮(4)分离而不与右反转向离合器结合,即仅使用 A 路动力,则右侧履带靠惯性前行,速度下降,机器向右转大弯;若仅使用 A 路动力且左右牙嵌离合器始终与中央传动齿轮(4)结合,则左右驱动轮(15 和 14)转速相同,方向相同,机器直行。总之,仅仅使用 A 路动力时,机器直行或转大弯;同时使用 A、B 两路动力时,左右驱动轮转动方向相反,转速相等,机器转弯半径缩小或作稳定原地转动。反转离合器的设计是本项目的关键。原地转向机构传动原理图(局部)如图 7-1 所示,各种工况传动路线见表 7-1。

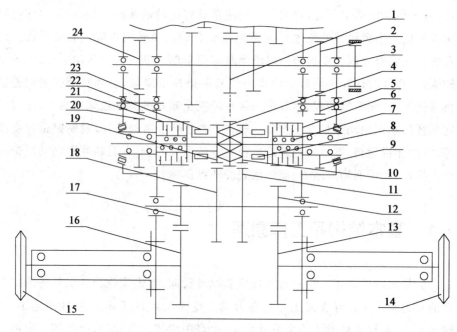

图 7-1 原地转向机构传动原理图(局部)

1.驱动齿轮 2.右反转驱动齿轮 3.制动器 4.中央传动齿轮 5.右换向齿轮 6.右反转离合器

7.右压缩弹簧 8.右拨叉 9.右反转离合器齿轮 10.右牙嵌离合器齿轮 11.右传动齿轮

12.右减速齿轮 13.右末级齿轮 14.右驱动轮 15.左驱动轮 16.左末级齿轮

17.左减速齿轮 18.左传动齿轮 19.左牙嵌离合器齿轮 20.左反转离合器齿轮

21.左反转离合器 22.左拨叉 23.左换向齿轮 24.左反转驱动齿轮

表 7-1　不同工况变速器传动路线

工况	履带	传动路线（齿轮代号）	牙嵌离合器	反转离合器
直行	左,正转	(1)→(4)→(19)→(18)→(17)→(16)→(15)	合	分
	右,正转	(1)→(4)→(10)→(11)→(12)→(13)→(14)	合	分
转大弯	左,正转	同于直行工况	合	分
(向右)	右,无动力	(1)→(4)	分	分
原地转	左,正转	同于直行工况	合	分
(向右)	右,反转	(2)→(5)→(9)→(10)→(11)→(12)→(13)→(14)	分	合

7.2　反转离合器基本参数计算

7.2.1　计算转矩 T_j 计算

机器原地转向时,由发动机传来的 B 路动力流扭矩由反转离合器在土壤附着条件允许条件下传递,反转离合器的计算转矩 T_j 为

$$T_j = \beta \frac{0.5 m_s g \varphi r_d}{i_m \eta_m \eta_q} \tag{7-1}$$

式中:β—转向离合器储备系数,取 $\beta = 1.4$;

φ—橡胶履带与土壤附着系数,水淹田 $\varphi = 0.6$,干田 $\varphi = 1$,取 $\varphi = 0.8$;

m_s—联合收获机使用质量,kg,$m_s = 2\,800$;

g—重力加速度,m/s²,$g = 9.8$;

r_d—驱动轮半径,m,$r_d = 0.105$;

i_m—最终传动比,$i_m = 6.57$(转向轴至驱动轮);

η_m—最终传动效率,取 $\eta_m = 0.98$;

η_q—履带驱动段效率,取 $\eta_q = 0.93$。

将以上数据代入式(7-1),$T_j = 282.28$ N·m。

7.2.2　反转离合器摩擦片内外半径 R_1、R_2 计算

$$R_2 = 0.86 \sqrt[3]{\frac{T_j}{z\vartheta[\sigma](1-c^2)(1+c)}} \tag{7-2}$$

式中：z—摩擦面对数，$z=10\sim12$，取 12；

　　　$[\sigma]$—摩擦片许用单位压力，MPa，纸基摩擦片$[\sigma]=1$ MPa$=1\times10^6$ N/m²；

　　　c—摩擦片内、外径之比，$c=0.7\sim0.8$，取 0.72；

　　　ϑ—摩擦系数，取 0.12。

数据代入式(7-2)，可求得 $R_2=53.32$ mm，取 55 mm，$R_1=cR_2=36$ mm。

7.3　原地转向运动学和动力学分析

7.3.1　履带速度 v_1/v_2 和整机回转角速度 ω

原地转向履带速度和受力见图 7-2。

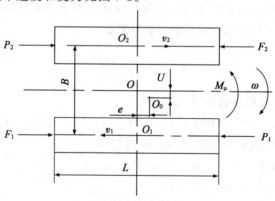

图 7-2　原地转向履带速度和受力图

假设两侧土壤条件相同，履带运动时无滑转和滑移，则有 $v_1=-v_2$，

$$\omega = \frac{2v_1}{B} \tag{7-3}$$

7.3.2 履带受力分析

原地转向与常规转向一样,主要受到 3 种力的作用,即正、反转履带的驱动力 P_1 和 P_2,正、反转履带所受的滚动阻力 F_1 和 F_2 以及转向阻力矩 M_μ,故有

$$P_1 - P_2 - F_1 + F_2 = 0$$
$$(P_1 + P_2)\frac{B}{2} - (F_1 + F_2)\frac{B}{2} - M_\mu = 0 \tag{7-4}$$

由于重心偏向 O_1 履带,故有

$$F_1 = \frac{m_s f}{2}\left(1 + \frac{2C}{B}\right) \tag{7-5}$$

$$F_2 = \frac{m_s f}{2}\left(1 - \frac{2C}{B}\right) \tag{7-6}$$

解式(7-4)可求得

$$P_1 = F_1 + \frac{M_\mu}{B} \tag{7-7}$$

$$P_2 = -F_2 - \frac{M_\mu}{B} \tag{7-8}$$

$$M_\mu = 2\left(\int_0^{\frac{L}{2}+x_0} \mu\Lambda x\,\mathrm{d}x + \int_0^{\frac{L}{2}-x_0} \mu\Lambda x\,\mathrm{d}x\right)$$

将 $\Lambda = \dfrac{m_s}{2L}$ 代入上式并积分得

$$M_\mu = \frac{\mu m_s L}{4}\left[1 + \left(\frac{2x_0}{L}\right)^2\right] \tag{7-9}$$

式中:$\dfrac{2x_0}{L}$—转向轴线纵向偏移 e 引起的影响,$e = x_0$;

L—履带接地长度,m,$L = 1.35$;

μ—转向阻力系数,稻麦茬地取 $\mu = 0.7$;

C—重心 O_0 横向偏移,mm,$C = 10.71$;

e—重心纵向偏移,mm,$e = 51.75$。

将数据代入相应公式,可得:

$$F_1 = 1\ 540.89\ N, F_2 = 1\ 478.82\ N$$
$$P_1 = 7\ 987.59\ N, P_2 = -7\ 961.52\ N$$
$$M_\mu = 6\ 482.7\ N \cdot m$$

7.3.3　原地转向功率消耗

联合收获机原地转向时,发动机功率主要消耗于克服转向时的总阻力矩 M_z,故有:

$$N_\omega = M_z \omega = \left[(F_1 + F_2) \frac{B}{2} + M_\mu \right] \omega \qquad (7\text{-}10)$$

式中: N_ω——原地转向功率消耗,kW;

　　M_μ——转向阻力矩,N·m;

　　M_z——转向总阻力矩,N·m;

　　ω——原地转向角速度,1/s, $\omega = 2v_1 / B$。

转向时,机器降速,设 $v_1 = v_2 = 0.5$ m/s, $\omega = 1$,将数据代入式(7-10), $N_\omega = 7.99$ kW。

7.4　原地转向理论分析

1. 原地转向履带位移方程式

履带式联合收获机原地转向时,两侧履带一正一反运转,履带上某履节 $A_0 B_0$ 从接触地面到离开地面,其上任一点相对于地面(静坐标系 xoy)的运动(绝对运动),是该点相对于机架(动坐标系 $x'Oy'$)的运动(相对运动)和机架上与该点重合的点相对于地面的运动(牵连运动)的合成,其位移方程式为

$$\begin{cases} x = x'\cos\theta - y'\sin\theta \\ y = x'\sin\theta + y'\cos\theta \end{cases} \qquad (7\text{-}11)$$

式中: x'——该点在动坐标轴 x' 上的投影, $x' = x_0$;

　　y'——该点在动坐标轴 y' 上的投影, $y' = y_0 - y_t$;

　　θ——动、静坐标系相应坐标轴的夹角, $\theta = \omega t$;

x_0—两坐标重合时该点在 x 轴上的投影；

y_0—两坐标重合时该点在 y 轴上的投影；

t—时间。

2.履带节端点 A_0、B_0 运动仿真

以轨距 $B = 1\ 000$ mm，接地长度 $L = 1\ 350$ mm，$x_0 = 400$ mm，$y_0 = 675$ mm，$\omega = 1$ rad/s，$v = 0.5$ m/s，将数据代入建模仿真，其运动轨迹如图 7-3 所示。绕扣 A_0A_1 为 A_0 点的运动轨迹，曲线 B_0B_1 为 B_0 点的运动轨迹。

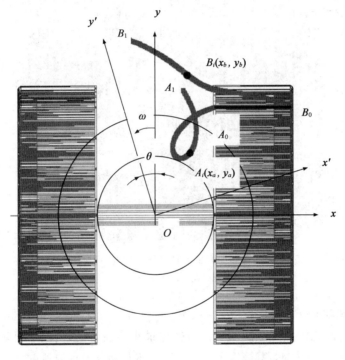

图 7-3 原地转向履带节 A_0B_0 两端点 A_0、B_0 运动轨迹

7.5 原地转向特征分析

1.转弯半径理论上为零，转向行程短

机体中心投影与回转中心的距离称为转向半径。原地转向时，回转中心与机体中心投影重合，因此理论转向半径为零。若以单侧履带中心线与回转中心

的距离作为转向半径,常规转向机构以单侧履带制动来实现最小半径转向为B,原地转向半径为$0.5B$,如轨距均为1 m的联合收获机作180°转向时,原地转向机构履带行程为0.785 m,常规转向机构履带行程为1.57 m,是原地转向的2倍,因此,原地转向可减少作业时的空行程,提高时间利用率并节约能耗。

2.减少转向时对地表土壤的破坏

常规转向机构在湿田作单边制动转向时,被制动履带在田面上拖动、积泥,不但增大了转向阻力,且破坏了地表土壤(图7-4B),而原地转向时则不会出现此类情况(图7-4A)。

图7-4　两种转向方式的履带转向痕迹(见彩图7-4)

A.原地转向　B.单边制动转向

3.节省因单边制动转向增大的功耗

常规转向机构以完全制动单侧履带作最小半径转向,消耗了制动功耗。单边完全制动时,制动履带其速度$v_1=0$ m/s,转向履带保持前进速度$v_2=1.0$ m/s,全部驱动力P_1和P_2作用在转向侧履带O_2以克服转向阻力矩M_μ,假设传动与行走效率不变,履带支承面无滑转和滑移,其功率消耗:

$$N_z = P(0.5 + v)v_2 \tag{7-12}$$

式中:P—机器总驱动力,N,$P = P_1 + (-P_2) = 15\ 949.11$;

v—转向参数,

$$v = \frac{M_\mu}{PB} \tag{7-13}$$

将数据代入式(7-13)，可得 $\upsilon = 0.41$。将前述数据代入式(7-12)可得 $N_z = 14.5\ \mathrm{kW}$，即转向履带保持前进速度 $\upsilon_2 = 1.0\ \mathrm{m/s}$ 时，理论转向半径等于轨距 B 的单边制动转向功耗 $N_z = 14.5\ \mathrm{kW}$。而原地转向为 $N_\infty = 7.99\ \mathrm{kW}$。

图 7-5 为单 HST 原地转向行走变速箱。

图 7-5　单 HST 原地转向行走变速箱

第8章 联合收割机新型工作装置设计参数化

——脱分选装置参数化设计

脱粒分离和清选装置(简称脱分选装置)是决定稻麦联合收获机工作性能的核心工作部件。同类型、系列化联合收获机的脱分选装置类似通用化、标准化的定型产品,用于设计计算的数学模型及产品结构相对固定,仅在结构参数和工作参数上存在差异。喂入量是脱分选装置设计的主要参数。Petri 网被广泛应用于计算机科学、控制科学和系统科学的交叉领域,是对离散并行系统的数学表示,在条件和事件为结点的有向二分图基础上添加表示资源的托肯分布,并按引发规则驱动离散事件的演变,能充分描述参数的层次结构和多参数的异步传递关系,预设数学模型及多目标参数的相互依赖关系,可进行轴流式脱分选装置多目标参数化设计。

8.1 喂入量与工作性能的数学模型

8.1.1 脱粒装置生产率

轴流式脱粒装置是依靠脱粒滚筒和栅格式凹板对作物进行多次加工而完成脱粒和分离的,因此决定其生产率的因素除与结构有关外,主要取决于脱粒滚筒与凹板的作用面积,即栅格式凹板的包围面积。轴流式脱粒装置的生产率 q 由下式确定:

$$F = L \cdot R \cdot \beta = \frac{q}{a} \tag{8-1}$$

式中:F —弧形栅格式凹板包围面积,m²;

a —栅格式凹板单位面积生产率,kg/(s·m²),$a = 1.4 \sim 2$;

q —轴流式脱粒装置的生产率,即联台收获机允许的喂入量,kg/s;

$L(B)$ —全喂入栅格式凹板长度(半喂入栅格式凹板宽度),m;

R —弧形栅格式凹板半径(圆心至栅格凹板横隔板上表面距离),m;

β —栅格式凹板包角,rad。

8.1.2 清选筛生产率

清选筛的生产率取决于清选筛面积,而清选筛面积由进入清选筛的谷粒混合物的数量决定。脱粒分离出来的物料都进入清选筛清选,所需清选筛面积由下式确定:

$$F_1 = L_1 B_1 = \frac{\xi}{a_1} q \tag{8-2}$$

式中:F_1 —清选筛面积,m²;

L_1/B_1 —清选筛长度/宽度,mm;

ξ —喂入量中已脱粒分离的比例,$\xi = 0.40 \sim 0.45$;

a_1 —清选筛单位面积生产率(混合物),kg/(m²·s),联合收获机的鱼鳞筛和编织筛 $a_1 = 1.5 \sim 2.5$,百叶窗式鱼鳞筛籽粒下落面积比传统的冲孔鱼鳞筛大一倍以上,根据经验数据,取 a_1 值上限 5.0。潮湿作物需下降 30%。

8.1.3 清选风扇风量

清选所需的风量取决于谷粒混合物应清除的杂质量,当联合收割机喂入量为 q 时,清选风扇所需风量可由下式确定:

$$Q = \frac{\lambda q}{\mu \rho} \tag{8-3}$$

式中:Q —风量,m³/s;

q —联合收割机喂入量,kg/s;

μ —带杂质气流的浓度比,$\mu = 0.2 \sim 0.3$;

ρ —空气密度,kg/m³,$\rho = 1.2$;

λ —需清除的杂质在喂入量中所占的比例,%,全喂入机型:水稻 $\lambda = 10 \sim 15$,小麦 $\lambda = 15 \sim 20$;半喂入机型:水稻 $\lambda = 8 \sim 12$,小麦 $\lambda = 10 \sim 15$。

8.1.4　脱粒滚筒齿数

脱粒滚筒齿数 z 由脱粒装置的生产率(联合收割机喂入量 q)决定：

$$z \geqslant \frac{(1-\psi)q}{0.6q_\mathrm{d}} \tag{8-4}$$

式中：ψ ——喂入作物中籽粒所占重量比率；

　　　q_d ——脱粒滚筒每个杆齿生产率,kg/s,当 $\psi=0.4$ 时, q_d 取 0.025。

根据试验测定,半喂入脱粒滚筒每个弓齿的生产率可参照计算。

8.2　脱分选装置参数化设计计算机模型

通过对模型进行参数化分析,研究了参数的传输依赖关系并编制了计算机软件。基于喂入量的参数化设计模型,为不同喂入量等级联合收割机系列产品的轴流式脱分选装置建立了快速设计平台。利用 Petri 网模型,开发了符合参数传递规则和依赖关系的参数输入系统,建立了三维模型图库。用户输入喂入量和相关设计参数,系统可通过参数传递,驱动完成模型的参数化设计并生成新的产品三维模型,快速实现脱分选装置参数化设计。

8.2.1　各部分结构参数选择

参数选取基于以下 3 个方面：

(1)关键尺寸　指结构设计开始时已知的结构参数或用户要求的参数。这些参数与产品的目的功能有密切关系,在设计阶段是通过计算或者设计师交互输入给定。

(2)装配尺寸　由零部件装配关系确定的参数,其设计约束一般为几何约束。

(3)标准系列参数　即标准件的尺寸系列数据,这些数据来自有关企业的产品目录、设计手册或标准,经收集整理后,可放入数据库中,通过查询程序检索。

8.2.2 脱分选装置参数化设计的计算机模型

通过数学模型分析,可得到参数化设计中关键尺寸参数及装配尺寸约束。参数化过程的实质就是变形参数在整个产品模型中的传递,并且最终反映到某些零部件的设计参数上。然而,一个复杂的机械产品,其参数间有依赖关系并且互相制约。这种有制约的依赖关系往往需要设计人员凭经验依据合理的顺序和约束规则来进行人工调整。为了用计算机软件 CAD 来辅助产品设计,帮助管理约束和关联以实现参数驱动的自动化设计,需要进行参数分析。一般采用自顶向下分阶段的设计,先部件级设计,再组件级设计,最后元件级设计。为描述这种级联的控制约束关系,采用了 Petri 网来建模(图 8-1)。

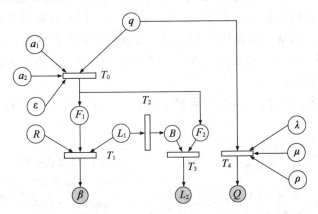

图 8-1　参数分析 Petri 网模型

模型中,变迁表示一次成功的计算;库所表示一次成功的计算需要获得的参数资源;用箭头变迁及上标表示一次成功的计算需要消耗参数资源的数量。基于 Petri 网的参数分析模型能够表示出参数依赖的层次关系和依赖关系。

1. 产品参数分析

在自顶向下的参数设计过程中,需要解决以下问题,一是参数传递的顺序问题,二是参数对其他参数的影响度。因此把参数分为 4 类。

(1)总体参数　是影响整个产品功能、结构的主要性能参数。喂入量 q 是影响整个产品功能、结构的主要性能参数,直接影响关键部件脱粒滚筒的栅格式凹板包围面积 F 和清选风扇的风量 Q 以及清选筛的面积 F_1。因此,采用以喂入量 q 为总体参数,依据 Petri 图的结果,自然形成 3 个设计模块,即栅格式凹板、清选筛、清选风扇模块。

（2）辅助参数　辅助参数是 Petri 图中影响一次计算（变迁）的辅助因素。它的存在会影响到设计结果，它的选取是在一个较小的范围对设计结果进行微调。例如变迁 T_0 的辅助参数是 ξ，喂入量中已脱粒分离的比例，通常的取值范围是 $0.40\sim0.45$。辅助参数需要在设计软件中进行参数范围的检查以确保符合设计的要求。

（3）中间参数　这些参数是上一层参数设计后计算的结果，同时，也是下一层部件设计的约束。但它们本身不是设计的结果。如栅格式凹板包围面积 F 和清选筛面积 F_1。

（4）目标参数　是产品模型的驱动参数，它是新的产品设计参数，被用来驱动三维参数化图形软件形成产品的三维设计模型。例如，在脱粒滚筒参数决定模块中，先是由喂入量 q 这个总体参数来触发一次设计，在辅助参数的作用下，完成一次变迁，形成中间参数 F，继而进一步确定脱粒滚筒的参数 R,L 和 β，这 3 个目标参数会驱动三维建模软件，形成变形后的新的三维设计图。

2. 参数传递图

根据参数分析，给出参数传递图（图 8-2）。该图反映了自顶向下的设计结构。

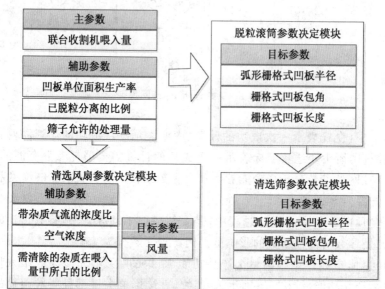

图 8-2　参数传递关系图

3.参数计算顺序

Petri 网是对离散并行系统的数学表示,适合于描述异步的、并发的计算机系统模型。能够刻画出参数驱动的本质。可以看到,本模型中,T_0、T_1、T_2、T_3、T_4 就是一个合理的参数驱动顺序。另外,T_0、T_4、T_1、T_2、T_3 也是合理的参数驱动顺序。

4.局部辅助计算

在脱粒滚筒模块局部计算中,T_1 变迁需要被多次执行,设计人员需根据经验反复测试这 3 个参数的区间范围来获得理想的 R、L 和 β。为此,程序设计了局部辅助解。

根据公式(8-1),当 F 被决定后,R、L 和 β 存在多组解。根据经验规则,给出如下算法:给出 L 和 R 的初始值,$L=600$,$R=200$。DO WHILE (L 和 R 在最大值以内),IF β IN ($220° \sim 230°$),则输出一组解并退出,否则增加 L 和 R 的值,step$=20$,END DO。IF 无解,则将 β 范围扩展到 ($180° \sim 240°$),重复上述循环。IF 仍无解,给出提示。

8.3 设计平台构建及三维模型生成

8.3.1 设计流程和程序界面

利用 Petri 网模型开发的符合参数传递规则和依赖关系的参数输入系统和储有所需零部件三维模型实例库,用户输入设计参数,系统通过参数传递驱动产品设计,完成模型的参数化设计,系统能生成新的产品的设计参数,并在 UG 环境下自动生成三维模型。设计流程如图 8-3 所示,新的产品设计参数由程序界面(图 8-4)生成。

8.3.2 三维模型生成

通过结构研究与参数分析开发的设计平台已将参数的设计流程融入软件中。设计者输入主参数喂入量 q,继而选择并输入各辅助参数,通过对输入参数的判断、处理,系统在判定满足变迁的条件之后,形成一次变迁,获得中间参数,最后对结果参数进行分析和验证,得到新的产品实例。通过三维平台的接口,可获得新设计产品的三维图。例如，将在程序界面上输入和自动生成的栅格式凹板所有参数打包储存于程序界面，将其输出并导入 UG 环境即可生成横轴流杆齿脱粒滚筒等 8 种三维模型，如图 8-5 至图 8-12 所示。

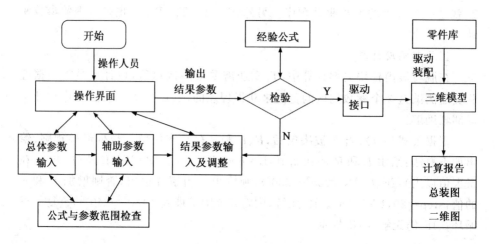

图 8-3 设计流程图

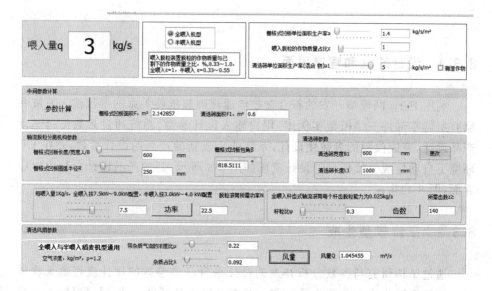

图 8-4 脱分选装置参数化设计程序界面

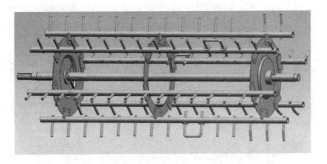

图 8-5　全喂入横轴流杆齿脱粒滚筒三维模型

图 8-6　全喂入横轴流脱粒装置栅格凹板三维模型

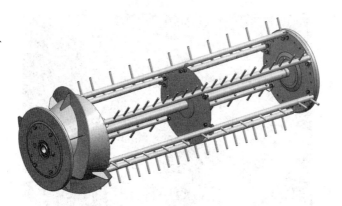

图 8-7　全喂入纵轴流杆齿脱粒滚筒三维模型

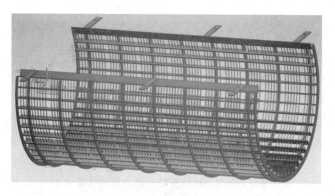

图 8-8　全喂入纵轴流脱粒装置栅格凹板三维模型

图 8-9　半喂入脱粒滚筒三维模型

图 8-10　半喂入脱粒装置栅格式凹板三维模型

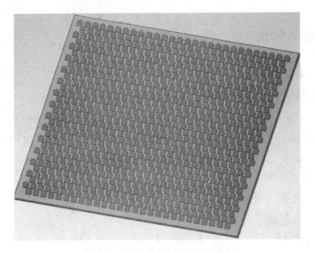

图 8-11 鱼鳞式清选筛三维模型

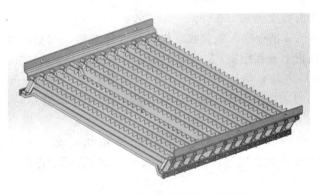

图 8-12 百叶窗式清选筛三维模型

8.4 联合收获机脱分选装置参数化

在选用栅格式凹板单位面积生产率 a（$a=1.4\sim2$ kg/（m² · s））和清选筛单位面积生产率 a_1（联合收获机的鱼鳞筛和编织筛 $a_1=1.5\sim2.5$ kg/（m² · s），百叶窗式鱼鳞筛籽粒下落面积比传统的冲孔鱼鳞筛大一倍以上，故取 a_1 值上限 5.0 kg/（m² · s））时，取上限值的 80%。

8.4.1 全喂入机型

1.横轴流机型,喂入量 $q=1.8$ kg/s

(1)程序界面生成设计参数 在程序界面中输入喂入量 $q=1.8$ kg/s,选择"全喂入机型",输入栅格凹板单位面积生产率 $a=1.6$ kg/(m^2·s)和鱼鳞筛单位面积生产率 $a_1=2.0$ kg/(m^2·s),进行相关操作后程序界面可自动计算生成以下参数:

删格式凹板面积 $F=1.125$ m^2;

清选筛面积 $F_1=0.9$ m^2;

栅格式凹板包角 $\beta=218.5009$ °;

清选筛长度 $L_1=918.3673$ m;

脱粒分离功耗 $N=14.4$ kW;

风量 $Q=0.7090909$ m^3/s;

脱粒滚筒齿数 $Z=71.99999$。

(2)4LZS-1.8型全喂入联合收获机实际设计参数 凹板内侧半径(圆心至栅格凹板横隔板上表面距离) $R=290$ mm,凹板面积 $F=0.93$ m^2,栅格式凹板包角 $\beta=220$ °;主筛鱼鳞筛宽 $B_1=980$ mm,筛长 $L_1=730$ mm,清选筛面积 $F_1=0.72$ m^2;当清选风扇转速为 1 120 r/min 时,计算风量 $Q=0.72$ m^3/s;轴流滚筒齿数 76。

(3)生成结构参数与实际结构参数比较 a 值和 a_1 值取上限值的 80% 时,实际栅格式凹板面积 F 比计算面积偏小 0.195 m^2;实际清选筛面积 F_1 比计算面积偏小 0.18 m^2。

2.纵轴流机型,喂入量 $q=2.5$ kg/s

(1)程序界面生成设计参数 在程序界面中输入喂入量 $q=2.5$ kg/s,选择"全喂入机型",选择栅格凹板单位面积生产率 $a=1.6$ kg/(m^2·s),选择百叶窗式鱼鳞筛单位面积生产率 $a_1=4.0$ kg/(m^2·s),进行相关操作后程序界面可自动计算生成以下参数:

栅格式凹板面积 $F=1.5625$ m^2;

清选筛面积 $F_1=0.625$ m^2;

栅格式凹板包角 $\beta=197.7309$ °;

清选筛长度 $L_1=791.1392$ mm;

脱粒分离功耗 $N=20$ kW;

风量 $Q=0.9469697$ m^3/s;

水稻联合收割机新型工作装置设计与试验

脱粒滚筒齿数 $Z=95.999\,99$。

(2)4LZZ-2.5型纵轴流联合收获机实际结构参数 栅格凹板长度 $L=1\,372\text{ mm}$,弧形栅格凹板半径(圆心至栅格凹板横隔板上表面)$R=330\text{ mm}$,栅格凹板包角 $\beta=220°$,栅格式凹板面积 $F=1.74\text{ m}^2$;主筛为百叶窗式鱼鳞筛,筛宽 $B_1=790\text{ mm}$,筛长 $L_1=660\text{ mm}$,清选筛面积 $F_1=0.52\text{ m}^2$;当清选风扇转速为 $1\,336\text{ r/min}$ 时,计算风量 $Q=1.05\text{ m}^3/\text{s}$;轴流滚筒齿数90。

(3)生成结构参数与实际结构参数比较 a_1 值取上限值的80%时,实际清选筛面积 F_1 比计算面积偏小 $0.105\,6\text{ m}^2$。

8.4.2 半喂入机型(四行机)

1.程序界面生成设计参数

在程序界面中输入喂入量 $q=4.5\text{ kg/s}$(虚拟值,籽粒流量1.5 kg/s),选择"半喂入机型",选择栅格式凹板单位面积生产率 $a=2.0\text{ kg/(m}^2\cdot\text{s)}$,清选筛为百叶窗式鱼鳞筛,选择单位面积生产率 $a_1=4.0\text{ kg/(m}^2\cdot\text{s)}$,进行相关操作后程序界面可自动计算生成以下参数:

栅格式凹板面积 $F=0.742\,5\text{ m}^2$;

清选筛面积 $F_1=0.371\,25\text{ m}^2$;

栅格式凹板包角 $\beta=180.263\,2°$;

清选筛长度 $L_1=562.5\text{ mm}$;

脱粒分离功耗 $N=4.455\text{ kW}$;

风量 $Q=0.562\,5\text{ m}^3/\text{s}$。

2.4LBZ-145型半喂入联合收获机实际结构参数

栅格式凹板宽度 $B=800\text{ mm}$,弧形栅格凹板半径(圆心至栅格凹板横隔板上表面距离)$R=295\text{ mm}$,栅格式凹板面积 $F=0.57\text{ m}^2$,栅格式凹板包角 $\beta=146°$;清选筛宽度 $B_1=660\text{ mm}$,清选筛长 $L_1=590\text{ mm}$,清选筛面积 $F_1=0.39\text{ m}^2$;当清选风扇转速为 $1\,120\text{ r/min}$ 时,计算风量 $Q=0.74\text{ m}^3/\text{s}$。

3.生成结构参数与实际结构参数比较

a 值取上限值的80%时,实际栅格凹板面积 F 比计算面积偏小 $0.072\,5\text{ m}^2$;实际栅格式凹板包角 β 比计算包角偏小 $34°$。但研究表明,弓齿式脱粒滚筒栅格式凹板包角 $\beta>150°$ 时,由于茎秆弯曲程度增大,断草率、断穗率和脱粒功耗都急剧增加。实际结构在弧形栅格凹板的始端和末端都设有多孔板,合计包角约为 $40°$,一定程度也替代了栅格凹板功能。

8.5 参数化设计系统运行分析

(1)通过脱分选装置的理论方程式,可以建立不同机型栅格凹板面积、清选筛面积、清选风机风量、脱粒滚筒齿数等与喂入量之间关系的数学模型,获得可用于参数化设计的各个参数,利用 Petri 网开发的参数化设计平台,可实现脱分选装置的三维参数化设计,快速计算所需的设计参数。

(2)在 UG 环境下自动生成或更新机械零件三维模型。

(3)程序在不同条件要求下生成的各设计参数,经与相应的市售成熟机型脱分选装置相应结构参数和工作参数比对,大部分数据相近,也发现实际设计有的参数还需修正。同时,参数化设计的预设条件也可在一定范围内取值,扩大了设计平台的应用范围。通过参数传递表弥补了简单 Petri 网不能表达参数分类的缺陷。参数化设计提高了设计的效率,缩短了设计周期。利用 Petri 网开发的参数化设计平台具有实际应用价值。

第9章 水稻联合收割机新型工作装置试验验证

9.1 全喂入横轴流同轴差速脱分选装置台架试验

9.1.1 同轴差速轴流脱分选装置基本结构和工作原理

为探求同轴差速脱粒滚筒、圆锥形清选风机为主要工作部件的横置同轴差速轴流式脱分选系统最佳结构参数和工作参数,设计试制了喂入量为2～3 kg/s的脱分选系统试验台。其核心是由脱粒分离装置、风筛式清选装置、杂余复脱装置组成同轴差速脱分选系统,如图9-1所示。脱粒分离装置由轴流式同轴差速脱粒滚筒、栅格式凹板和带导向板罩壳组成;风筛式清选装置由圆锥形离心式清选风机和双层振动筛(鱼鳞筛+圆孔筛)组成;杂余复脱装置由螺旋板齿式滚筒和冲孔凹板组成。系统工作原理是:由输送槽切向喂入的物料经同轴差速轴流滚筒脱粒,以籽粒为主的脱出物在离心力作用下穿越栅格式凹板向振动筛分离;经脱粒的茎秆在高速滚筒末端径向排出机外。脱出物在分离下落的过程中被圆锥形风机产生的横向风吹散,较均匀地撒落在振动筛前部,消除了脱出物在振动筛一角堆积的现象;在圆锥形清选风机产生的纵向风和振动筛的共同作用下,经筛选的清洁籽粒由籽粒水平搅龙收集,经垂直输送器送入集粮箱;碎茎叶和颖壳被吹出机外,小穗头等杂余在尾筛落下经杂余水平搅龙、杂余垂直搅龙送入复脱装置,经复脱后物料返回振动筛二次清选。

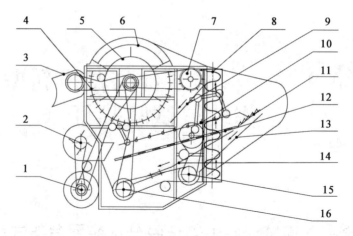

图 9-1　横置同轴差速轴流脱分选系统结构简图

1. 传动轴　2. 圆锥形风机　3. 输送槽　4. 栅格凹板　5. 同轴差速脱粒滚筒　6. 导向板　7. 复脱装置
8. 杂余垂直搅龙　9. 复脱物滑板　10. 上筛　11. 尾筛　12. 下筛　13. 杂余回收滑板
14. 籽粒收集滑板　15. 杂余水平搅龙　16. 籽粒水平搅龙

9.1.2　试验台机械系统设计

联合收割机脱分选系统试验台架的机械部分,由作物输送装置、喂入装置、脱粒分离装置、清选和复脱装置以及监测与控制装置 5 部分构成。

1. 作物输送装置

由变频控制电机、电机减速器、主动链轮、从动链轮、主动辊、从动辊、张紧辊和输送平胶带等组成。通过变频器调节电机转速调节输送平胶带速度,以满足不同喂入量的要求;输送台主要参数:长×宽×高为 5 000 mm×900 mm×700 mm,共 4 台,可串/并联使用,输送速度 0.5～2 m/s,无级可调。

2. 喂入装置

由割台体、割台搅龙、输送槽组件等组成。割台搅龙和输送槽动力来源于低速滚筒轴,割台搅龙转速和输送槽输送速度与低速滚筒的转速相匹配。

3. 脱粒分离装置

由带螺旋导向板的滚筒盖组件、同轴差速脱粒滚筒(高速滚筒组件和低速滚筒组件)、栅格凹板组件组成。高速滚筒、低速滚筒分别由两组变频器控制电机转速;脱粒室侧壁开有透明钢化玻璃观察口,用于稻谷脱粒运动状态观察和高速摄影。主要参数:低速滚筒电机 20 kW,转速 600～800 r/min,无级可调。高速滚筒电机 10 kW,转速 800～1 000 r/min,无级可调。供试同轴差速脱粒装置的高、低速滚筒直径均为 550 mm,栅格凹板包角 230°,罩壳导向板螺旋角 32°,供试的 3 种同轴差速滚筒总工作长度(含高、低速段)均为 1 000 mm,低、高速段长度比例分别为 6∶4(46 型)、7∶3(37 型)、8∶2(28 型),如图 9-2 所示。

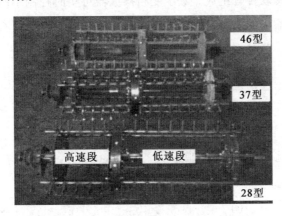

图 9-2　试验用 3 组不同长度比例差速滚筒

4.清选和复脱装置

由振动筛组件、圆锥形风机组件和复脱组件等组成。振动筛组件由变频器控制电机转速,转速无级可调;圆锥形风机组件由高速滚筒轴通过链轮带动。圆锥形风机有 3 种锥度风机叶片可更换;进行混合物分布试验时,由接料盒替代振动筛,接料盒长×宽×高:800 mm×900 mm×150 mm,接料盒内格子按 6×5 均布。振动筛组件驱动电机 4 kW,转速无级可调。供试的圆锥风机叶片共 3 套,叶片锥度分别为 2.3°、3.5°、5°,如图 9-3 所示。复脱装置由杂余收集和输送组件、螺旋板齿式复脱滚筒等组成。

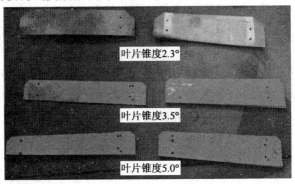

图 9-3　试验用 3 组不同锥度风机叶片

5.监测与控制装置

监测与控制装置由电气控制柜、数字变频操纵器、转速扭矩传感器、数据采集卡、电脑及采集软件等组成。数字变频操纵器可实时控制不同驱动电机的转速,以适应不同输出的要求;采集的转速、扭矩和功率等数据可在电脑上实时显示、监测与存储。脱分选系统试验台架如图9-4所示。

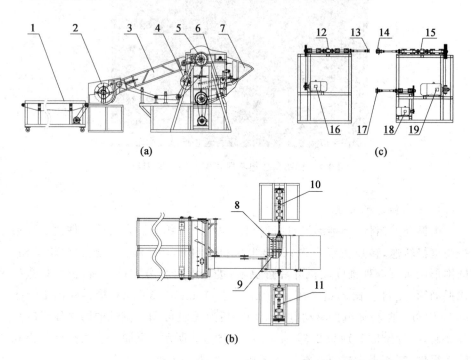

图9-4 横置差速轴流脱分选试验台结构示意图

(a)主视图 (b)俯视图 (c)左视图(动力机架部分)

1.作物输送台 2.喂入搅龙 3.输送槽 4.圆锥形清选风机 5.差速脱粒滚筒 6.双层振动筛

7.清选室出口 8.高速滚筒 9.低速滚筒 10.高速滚筒动力输入轴 11.低速滚筒动力输入轴

12.高速滚筒扭矩传感器 13.高速滚筒端万向联轴器 14.低速滚筒端万向联轴器

15.低速滚筒扭矩传感器 16.高速滚筒驱动电机 17.清选风机万向联轴器

18.清选风机驱动电机 19.低速滚筒驱动电机

9.1.3　试验台电气控制系统

1. 硬件部分

试验台供电电源为三相四线制，三相交流电源 380 V，50 Hz。在电气箱内安装有变频器、控制变压器、空气自动开关、交流接触器、整流桥、小型中间继电器、多功能插座、接线排等。在控制柜的门面上安装有总启动按钮、紧急停止按钮、变频器数字操作器(包括变频器参数设置以及所附电位器的调整、ON/OFF开关)、指示灯。外围的硬件包括扭矩传感器、中高速数字采集卡、变频器、控制柜、USB 连线、电动机、电脑等。试验台的电气图如图 9-5 所示。

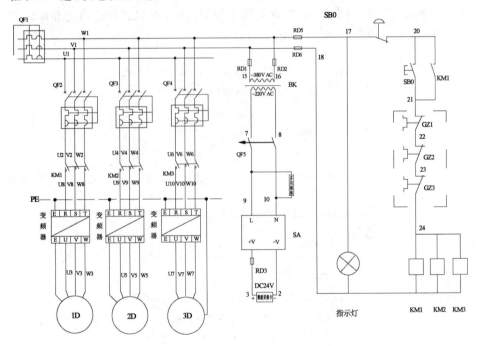

图 9-5　试验台电气图

(1)扭矩测量　采用应变片电测技术，在弹性轴上组成应变桥，向应变桥提供 24V DC 电源，即可测得该弹性轴的受扭信号，如图 9-5 将应变信号放大后，经过压频转换变成与扭矩成正比的扭矩信号。

(2)转速测量　测速采用光电开关，在对应的齿轮盘上进行测量。每一圈测速齿盘均有 60 割齿，轴带动齿轮盘每旋转一圈，可以产生 60 个脉冲，当测速码盘连续旋转时,通过光电开关输出脉冲信号,根据码盘的齿数输出信号,即可计算出对应的转速。

(3)输出信号与信号采集 扭矩的输出信号以方波信号的处理形式出现。扭矩传感器的扭矩信号送到 DSP 二次仪表,直接显示实时扭矩、转速、功率的值及 RS232 通信信号。

2.软件部分

本系统采用北京世通 T-660 扭矩传感器为中心器件,实现对联合收割机的低速滚筒、高速滚筒、振动筛的扭矩、转速和功率的测量。配置中高速数据采集卡、采集卡的驱动软件、软件狗驱动软件、虚拟仪器软件、电脑,完成收割机现场各种数据的采集。包括实时扭矩采集、实时转速采集以及功率的计算。动态实时绘制扭矩、转速、功率曲线,实现上下限报警,并具有数据存盘功能和曲线回放功能,人机界面友好,操作方便(图 9-6)。

图 9-6 软件界面(图 9-7 左部)

(1)软件界面使用

A. 输入试验产品编号。

B. 时间间隔：以 ms 为单位的整数。

C. 类型：选择测频类型，分别设置周期个数。

D. 扭矩量程：包括两个扭矩量程。主要设置扭矩与频率的关系，根据扭矩与脉冲计算出功率。

E. 功率：默认为最大扭矩与每分脉冲个数的乘积和 9 550 的比值。

F. 上下限报警：当采集到的扭矩大于上限报警值或者采集到的扭矩小于下限报警值时，采集会停止，同时，会在第一路 DO 输出 0 V 低电压。同样的方式，传感器 2 也相同，传感器 2 会在第二路 DO 输出低电压。

G. 效率：传感器 2 功率与传感器 1 功率的比值。

H. 脉冲个数/转_1、脉冲个数/转_2：指传感器 1 每转的脉冲个数与传感器 2 每转的脉冲个数。

I. 转速最大值：可以调整图形显示中的纵坐标"转速"的最大值。

J. 开始采集：当连接传感器 1 与 2 时，会同时采集，否则，只采集 1 只传感器。同时，会在第一路与第二路 DO 输出 5 V 高电压。

K. 清零：清空已显示的数据波形。

L. 历史曲线：加载文件中的波形数据，并显示到波形区域中。文件格式为 *.txt。

M. 保存数据：将波形数据保存到文件。文件格式为 *.txt。

N. 打印图片：将波形显示区域保存成图片，图片格式有 *.bmp、*.jpg 和 *.png。

(2)操作步骤　测试前，接通总电源开关，电源指示灯亮。预启动，按下总启动按钮，此时，高/低速滚筒、振动筛、平胶带输送机的变频器处于待机状态（按下紧急停止按钮，指示灯灭，电源供给停止）。打开电脑，运行 U1617 软件，弹出测试界面（图 9-7）。输入相应的参数等待测量。在操作面板上，预调变频器数字操作盒上所附 V.R 电位器于适当的位置，按下"ON"键，启动振动筛、高/低速滚筒。旋转 V.R 电位器，使它们达到预定要求。

(3)测试界面　测试界面上部自左至右，高速滚筒扭矩（扭矩 1）、低速滚筒扭矩（扭矩 2）、高速滚筒转速（转速 1）、低速滚筒转速（转速 2）、高速滚筒功率（功率 1）、低速滚筒功率（功率 2），并分别在纵坐标标有数值（图中 3 条纵坐标分别为高速滚筒的扭矩、转速和功率，低速滚筒的扭矩、转速和功率 3 个参数的

3条纵坐标线,可点击显示)。右侧屏幕实时显示左侧纵坐标的数据曲线。

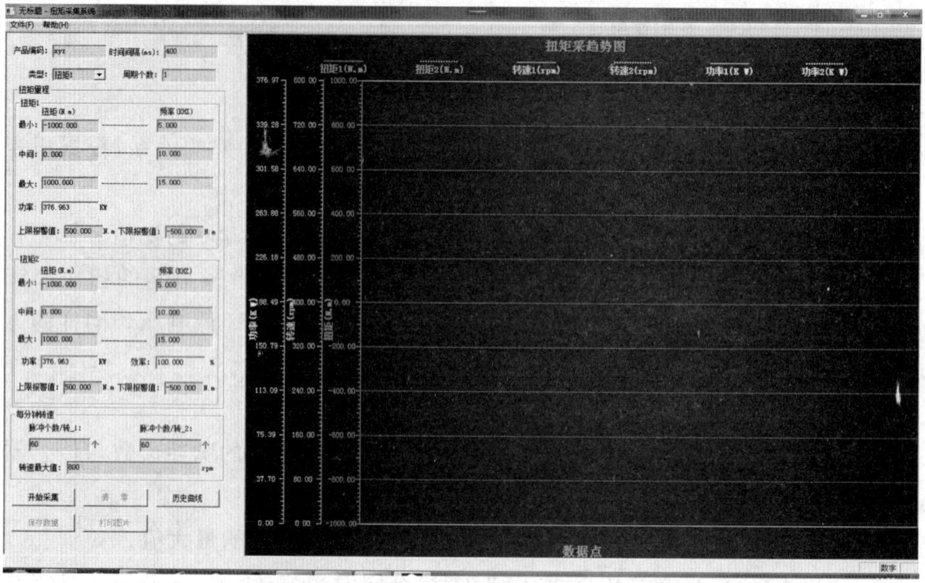

图9-7　软件全界面

9.1.4　试验台架操作顺序

(1)按照试验方案要求,安装好指定型号的差速滚筒和指定锥度的风机叶片。

(2)开启实验台工控机电源,通过数字变频操纵器,按照试验方案要求分别调整选定输送平胶带的输送速度、高/低速滚筒转速组合和振动筛频率。

(3)按照设定喂入量要求,根据达到输送平胶带设定速度的延时和设定速度在输送平胶带前端留空,将一定质量的水稻均匀铺放在输送平胶带的指定范围内。模拟田间收获,茎秆与输送平胶带运动方向一致。

(4)按顺序启动高速滚筒、低速滚筒、清选装置的开关,待上述装置各转动件达到并稳定在预先设定的参数后,启动电脑监控检测软件,最后开启平胶带输送机开关。

(5)利用监测与控制装置采集、记录并显示传感器所采集的功率、转速和扭矩数据。

（6）每次试验结束，手工收集与处理排草口的未脱净籽粒和夹带籽粒以及由清选室吹出的籽粒，用以计算未脱净损失率、夹带损失率、清选损失率、总损失率等指标。从集粮斗随机取样测定籽粒破碎率和含杂率。

（7）测定脱出物各成分沿脱粒滚筒轴向和径向的分布规律，需拆除振动筛，将接料盒安装到振动筛的位置上。

9.1.5 台架试验Ⅰ——L$_9$(3^4)正交试验

通过对 L$_9$(3^4)的实验数据利用 DPS 进行的极差和方差分析，探索差速滚筒转速组合、差速滚筒高低速段长度比例、圆锥形风机叶片锥度等工作和结构参数对联合收割机脱分选装置工作性能（含杂率、损失率、破碎率）的影响，获得了最佳结构参数和工作参数组合，试验台架如图 9-8 所示。

图 9-8 试验台实物

1.高速滚筒驱动电机 2.高速滚筒扭矩传感器 3.低速滚筒扭矩传感器
4.低速滚筒驱动电机 5.振动筛驱动电机 6.数据采集系统 7.电气控制柜

1.试验台工作过程

试验前，根据喂入量设置作物输送台速度，并根据输送台从启动到达到预设速度的时间和输送台速度预留输送台前端空间不放置作物。按设定的喂入量，每组试验将相等质量的水稻均匀铺放在输送台平胶带的指定范围内，以保证均匀定量喂入。仿田间收获工况，茎秆长度方向与输送方向一致，穗头朝前。

根据试验方案,分别安装不同型号的差速滚筒和不同锥度的风机叶片。通过变频器调节高、低速滚筒转速和输送台速度。

试验时,按顺序启动高速滚筒、低速滚筒、清选装置的电机开关,待上述装置各转动件达到并稳定在预设的参数后,启动测控系统软件,最后开启物料输送台电机开关。水稻从作物输送台进入喂入搅龙,经输送槽进入脱粒滚筒脱粒分离。测控软件实时显示、记录并保存高/低速滚筒扭矩、转速、功率等数据。

试验后,收集与清理排草口和清选室出口的排出物,计算出损失率(包括未脱净、夹带、清选3项损失),从接粮口取样测定破碎率、含杂率等指标。

2.试验及结果

试验物料采用浙江省广泛种植的水稻品种为"甬优-15",人工收割(割茬高度15 cm)后当日进行试验。水稻部分特性如表9-1所示。根据正交试验表安排的9组试验进行试验,并视改变试验条件方便性随机安排,每组试验重复3次,试验方案及试验结果见表9-2。

表 9-1 试验水稻基本特性参数

项目	参数	项目	参数
物料株高/cm	100～115	草谷比(割茬15 cm)	3：1
穗长/cm	17.5～26.4	稻谷千粒重/g	30.6
籽粒含水率/%	23.3～24.5	产量/(kg/hm²)	10 020
茎秆含水率/%	45.4～48.6		

3.试验结果分析

(1)极差分析 极差是一个因素各水平均值的最大值与最小值的差,反映了该列所排因素的水平变动对指标影响的大小。正交试验所得的损失率、破碎率、含杂率数据用DPS软件进行极差分析。分析结果如表9-3所示。

表9-3中,损失率、破碎率、含杂率极差R的大小排列顺序均为第2列、第3列、第1列。根据极差分析结果,可得出各因素对试验指标的关系,如图9-9所示。由此可排出3个因素分别对试验指标损失率、破碎率、含杂率影响的重要性主次顺序为B、C、A,即转速组合对损失率、破碎率和含杂率的影响最为显著,其次是风机叶片锥度和滚筒类型。

表 9-2 正交试验方案及试验结果（$L_9(3^4)$）

试验号	因素				试验结果（平均值）/%			平均功耗/kW		差速滚筒平均总功耗/kW
	滚筒类型 A	转速组合 B/(r/min)	风机叶片锥度 C/(°)	空列 D	损失率	破碎率	含杂率	高速滚筒	低速滚筒	
1	A1 46 型	B1 750/950	C1 2.3	1	1.56	0.59	0.64	5.71	9.30	15.01
2	A1 46 型	B2 650/850	C2 3.5	2	1.62	0.42	0.48	4.41	6.86	11.27
3	A1 46 型	B3 850/1 050	C3 5.0	3	1.99	0.82	0.34	4.96	7.13	12.09
4	A2 37 型	B1 750/950	C2 3.5	3	1.35	0.54	0.47	5.99	12.23	18.22
5	A2 37 型	B2 650/850	C3 5.0	1	1.34	0.33	0.61	5.40	10.41	15.81
6	A2 37 型	B3 850/1 050	C1 2.3	2	2.15	0.89	0.35	5.60	11.79	17.39
7	A3 28 型	B1 750/950	C3 5.0	2	1.28	0.32	0.48	4.21	12.45	16.66
8	A3 28 型	B2 650/850	C1 2.3	3	1.63	0.41	0.85	4.28	11.45	15.73
9	A3 28 型	B3 850/1 050	C2 3.5	1	2.24	0.83	0.26	5.51	10.28	15.79

第 9 章 水稻联合收割机新型工作装置试验验证

表 9-3　极差分析结果

损失率极差分析结果

因子	水平 1	水平 2	水平 3
总和			
第 1 列	5.17	4.84	5.15
第 2 列	4.19	4.59	6.38
第 3 列	5.34	5.21	4.61
均值			
第 1 列	1.723 3	1.613 3	1.716 7
第 2 列	1.396 7	1.530 0	2.126 7
第 3 列	1.780 0	1.736 7	1.536 7

因子	极大值	极小值	极差 R	调整 R'
第 1 列	1.723 3	1.613 3	0.110 0	0.099 1
第 2 列	2.126 7	1.396 7	0.730 0	0.657 5
第 3 列	1.780 0	1.536 7	0.243 3	0.219 2

破碎率极差分析结果

因子	水平 1	水平 2	水平 3
第 1 列	1.83	1.76	1.56
第 2 列	1.45	1.16	2.54
第 3 列	1.89	1.79	1.47
第 1 列	0.610 0	0.586 7	0.520 0
第 2 列	0.483 3	0.386 7	0.846 7
第 3 列	0.630 0	0.596 7	0.490 0

因子	极大值	极小值	极差 R	调整 R'
第 1 列	0.610 0	0.520 0	0.090 0	0.081 1
第 2 列	0.846 7	0.386 7	0.460 0	0.414 0
第 3 列	0.630 0	0.490 0	0.140 0	0.126 1

含杂率极差分析结果

因子	水平 1	水平 2	水平 3
第 1 列	1.46	1.43	1.59
第 2 列	1.59	1.94	0.95
第 3 列	1.84	1.21	1.43
第 1 列	0.486 7	0.476 7	0.530 0
第 2 列	0.530 0	0.646 7	0.316 7
第 3 列	0.613 3	0.403 3	0.476 7

因子	极大值	极小值	极差 R	调整 R'
第 1 列	0.530 0	0.476 7	0.053 3	0.048 0
第 2 列	0.646 7	0.316 7	0.330 0	0.297 2
第 3 列	0.613 3	0.403 3	0.210 0	0.189 1

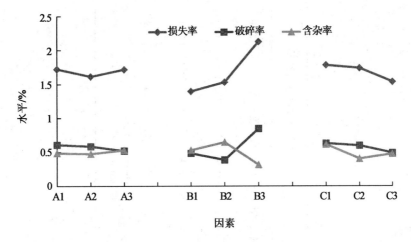

图 9-9　各因素对各指标的关系图

（2）方差分析　由实验数据处理结果显示出采用极差分析有如下不足：极差计算只依赖于指标值，一旦某点或几点的指标值误差较大，势必会影响计算结果的可靠性，进而影响试验结果分析的正确性。正交试验的方差分析属于多因素方差分析，对正交试验结果数据利用 DPS 软件进行了方差分析，所得结果见表 9-4。表 9-4 中损失率、破碎率、含杂率方差分析结果的平方和、均方、F 值数据大小排列顺序为第 2 列、第 3 列、第 1 列。由方差分析可知，各因素对试验指标的主次顺序为 B、C、A。

（3）最优方案确定　根据极差分析和方差分析的结果，确定了因素主次和水平优劣，对于主要因素，选取最优水平，对于次要因素可选取较好水平，也可选取有利于节约成本或便于操作等方面考虑的适当水平。对于主要因素转速组合 B，正交试验 9 组方案中第 7 号试验方案 B1C3A3 的损失率 1.28％和破碎率 0.32％为所有方案的最小值，其对应的转速组合为（B1）750/950 r/min，圆锥形风机叶片锥度 C 取 5°。圆锥形清选风机是清选装置的核心部件，其工作性能与含杂率指标密切相关，对于叶片锥度 C，9 号试验方案的含杂率 0.26％为所有方案的最小值，其对应的叶片锥度为 3.5°（C2）。根据功耗试验结果，（A1）46 型脱粒滚筒脱粒总功耗明显小于 37 型和 28 型脱粒滚筒，且高/低速滚筒的平均功耗绝对差值比其他类型滚筒小。由此，初步选定各试验因素的优选组合为 B1C2A1，即差速滚筒转速组合取 750/950 r/min，圆锥形风机叶片锥度取 3.5°，滚筒类型取 46 型。

表 9-4　方差分析结果

变异来源	损失率方差分析结果				破碎率方差分析结果				含杂率方差分析结果			
	平方和	自由度	均方	F(比)值	平方和	自由度	均方	F(比)值	平方和	自由度	均方	F(比)值
第1列	0.022 8	2	0.011 4	4.734 4	0.013 1	2	0.006 5	3.424 0	0.004 8	2	0.002 4	0.234 4
第2列	0.906 7	2	0.453 3	188.107 8	0.353 0	2	0.176 5	92.397 9	0.168 0	2	0.084 0	8.172 1
第3列	0.101 1	2	0.050 5	20.970 9	0.032 1	2	0.016 0	8.397 9	0.068 2	2	0.034 1	3.315 1
误差	0.004 8	2	0.002 4		0.003 8	2	0.001 9		0.020 6	2	0.010 3	

正交试验 9 组方案中,第 7 号试验方案 B1C3A3 的损失率、破碎率最低,含杂率符合国标要求,而根据正交试验结果优选组合 B1C2A1 并未出现在安排的 9 组试验中,所以又对 B1C2A1 方案进行了验证试验。B1C2A1 方案试验所得的损失率为 1.52%,破碎率为 0.58%,含杂率为 0.61%,高速滚筒平均功耗 5.59 kW,低速滚筒平均功耗 10.66 kW,脱粒总功耗 16.25 kW。对比 B1C3A3 方案和 B1C2A1 方案的试验指标,发现 B1C3A3 方案优于 B1C2A1 方案,故选择 B1C3A3 方案为最优方案,即差速滚筒转速组合 B 取 750/950 r/min,圆锥形风机叶片锥度 C 取 5°,滚筒类型 A 取 28 型,损失率 1.28%,破碎率 0.32%,含杂率 0.48%,高速滚筒平均功耗 4.21 kW,低速滚筒平均功耗 12.55 kW,脱粒总功耗 16.66 kW。

(4)回归分析 极差分析法是一种定性分析方法,其影响趋势图(图 9-9)只能看到各因素水平的变化趋势,不能进行定量分析。为了建立各参数之间的定量关系,通过试验得到的系统输入、输出数据,通过回归分析,建立回归模型并进行参数优化。运用 DPS 数据处理系统中的二次多项式逐步回归,可得损失率、破碎率、含杂率的回归方程式:

$$y_1 = 21.505 - 48.575x_1 - 10.459x_2 - 36.398x_2^2 + 0.479x_3^2 + 93.059x_1x_2 - 5.894x_1x_3 + 0.723x_2x_3 \tag{9-1}$$

$$y_2 = 2.978 - 24.550x_1 + 27.167x_2 + 0.783x_3 - 40.667x_2^2 + 0.269x_3^2 + 51.333x_1x_2 - 4.000x_1x_3 \tag{9-2}$$

$$y_3 = 0.654 + 6.915x_1 + 3.485x_2 - 1.097x_3 - 4.764x_1^2 - 4.833x_2^2 + 0.083x_3^2 + 0.587x_2x_3 \tag{9-3}$$

式中:y_1—损失率,%;y_2—破碎率,%;y_3—含杂率,%;x_1—低速滚筒长度,m;x_2—低速滚筒转速,kr/min;x_3—风机叶片锥度,°。

经检验,损失率回归方程式(9-1)的 F 值为 156.092 8,显著水平 $P = 0.036$ 2<0.05,回归方程的决定系数 $R^2 = 0.999$ 1,表明损失率回归数学模型有意义且显著。y_1 最低指标时,x_1、x_2、x_3 的取值分别为 0.8、0.65、4.92。破碎率回归方程式(9-2)的 F 值为 61.016 9,显著水平 $P = 0.018$ 9<0.05,回归方程的决定系数 $R^2 = 0.997$ 7,表明破碎率回归数学模型有意义且显著。y_2 最低指标时,x_1、x_2、x_3 的取值分别为 0.8、0.65、4.47。含杂率回归方程式(9-3)的 F 值为 4.571 5,显著水平 $P = 0.034$ 5<0.05,回归方程的决定系数 $R^2 = 0.969$ 7,表明含杂率回归数学模型有意义且显著。y_3 最低指标时,x_1、x_2、x_3 的取值分别为

0.6、0.85、2.85。

联立目标函数式(9-1)、式(9-2)、式(9-3),利用 MATLAB 中的优化工具箱 fgoalattain 函数求解多目标达到问题,得到横置差速轴流脱分选系统优化结构参数和工作参数:

$$x_1 = 0.800\ 0\ \text{m},\ x_2 = 0.765\ 7\ \text{kr/min},\ x_3 = 4.780\ 9°$$

即当低速滚筒长度为 0.8 m,低速滚筒转速为 765 r/min,风机叶片锥度为 4.78°时,横置差速轴流脱分选系统工作性能最佳,其损失率为 1.365 5%,破碎率为 0.352 3%,含杂率为 0.477 8%。

4.正交试验实时动力参数

10 种工况脱粒分离实时动力参数:测试界面(图 9-10 至图 9-19)上部自左至右,浅红色和深红色为高速滚筒和低速滚筒扭矩,白色和绿色为高速滚筒和低速滚筒转速,黄色和蓝色为高速滚筒和低速滚筒功率,并分别在纵坐标标上数值(图中 3 条纵坐标分别为高速滚筒的扭矩、转速和功率,低速滚筒的扭矩、转速和功率 3 个参数的纵坐标线,可点击显示),数据点 16～66 为负荷段。

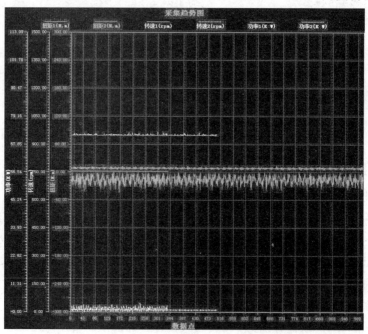

图 9-10　空载高/低速滚筒的扭矩、转速和功率实时记录

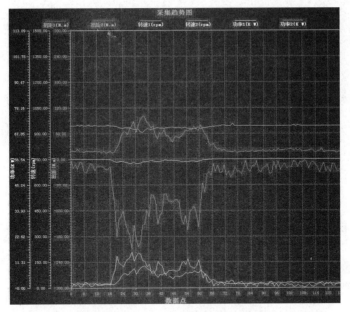

图 9-11　1 号工况高/低速滚筒的扭矩、转速和功率实时记录

（46 型/750/950/2.3°,A1B1C1 方案）

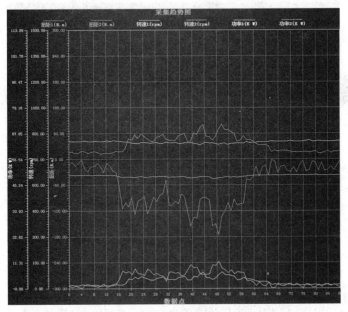

图 9-12　2 号工况高/低速滚筒的扭矩、转速和功率实时记录

（46 型/650/850/3.5°,A1B2C2 方案）

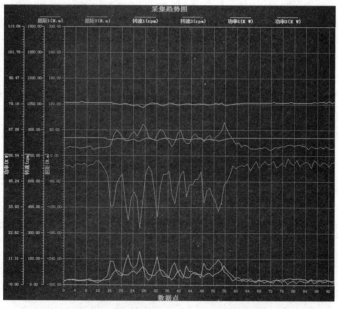

图 9-13　3 号工况高/低速滚筒的扭矩、转速和功率实时记录
(46 型/850/1 050/5°,A1B3C3 方案)

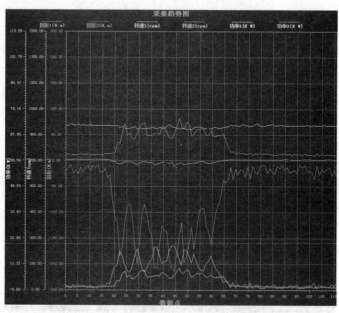

图 9-14　4 号工况高/低速滚筒的扭矩、转速和功率实时记录
(37 型/750/950/3.5°,A2B1C2)

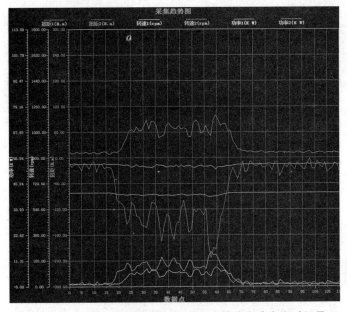

图 9-15　5 号工况高/低速滚筒的扭矩、转速和功率实时记录

（37 型/650/850/5°,A2B2C3 方案）

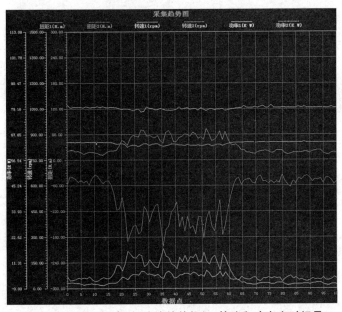

图 9-16　6 号工况高/低速滚筒的扭矩、转速和功率实时记录

（37 型/850/1 050/2.3°,A2B3C1 方案）

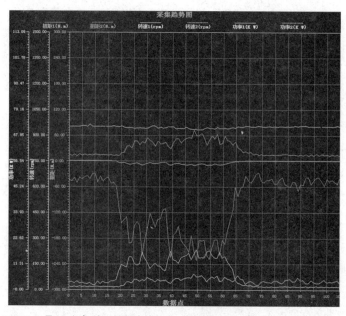

图 9-17　7 号工况高/低速滚筒的扭矩、转速和功率实时记录（见彩图 9-17）

（28 型/750/950/5.0°，A3B1C3 方案）

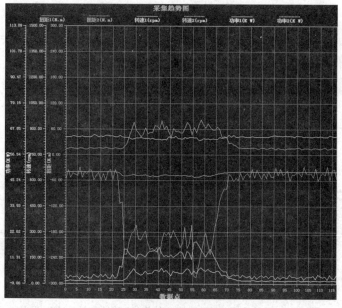

图 9-18　8 号工况高/低速滚筒的扭矩、转速和功率实时记录

（28 型/650/850/2.3°，A3B2C1 方案）

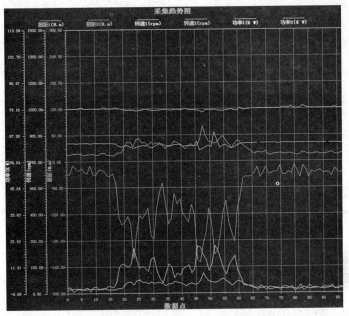

图 9-19　9 号工况高/低速滚筒的扭矩、转速和功率实时记录

(28 型/850/1 050/3.5°,A3B3C2 方案)

5.脱粒分离功耗分析

正交试验方案中的第 7 号试验方案 A3B1C3 为最优方案,其差速滚筒功耗实时采集结果如图 9-20 所示。此方案低速滚筒的脱粒分离功耗曲线波动较大,平均脱粒功耗为 12.45 kW,平均空载功耗为 1.30 kW,功耗最大值为 17.69 kW;高速滚筒脱粒分离功耗曲线波动较小,其平均脱粒功耗为 4.21 kW,平均空载功耗为 0.44 kW,功耗最大值为 6.36 kW。高速滚筒平均功耗占脱粒分离总功耗的 25.27%。差速滚筒脱粒分离平均总功耗为 16.66 kW,低速滚筒平均功耗占脱粒分离总功耗的 74.73%。

正交试验 9 组方案的差速滚筒脱粒分离平均总功耗为 15.4 kW,总功耗最大值为 18.22 kW,最小值为 11.27 kW。根据文献,单速滚筒脱粒分离功耗常规设计指标为 7.5~9.0 kW/kg。试验结果显示,差速滚筒脱粒分离总功耗为 5.64~9.11 kW/kg,平均值为 7.7 kW/kg,略低于常规设计指标。

6.脱粒分离功耗回归分析

以低速滚筒长度作为变量 x_1,以低速滚筒转速为变量 x_2,以脱粒平均总功

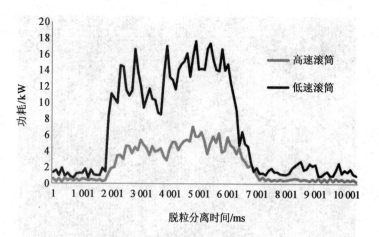

图 9-20　最优方案脱粒分离功耗实时采集

耗为性能指标 y，采用 DPS 数据处理系统进行二元线性回归分析，得到回归方程：

$$y=0.81+16.35x_1+4.1x_2 \tag{9-4}$$

脱粒功耗回归方程方差分析结果可以看出自变量 x_1、x_2 与因变量 y 之间具有显著线性关系，决定系数 $R^2=0.920\,993$，对回归系数进行 t 检验达到 0.05 以上的显著水平，两个因素的标准回归系数分别为 0.488\,7、0.780\,7，可见脱粒滚筒转速对脱粒分离总功耗的影响较大。

9.1.6　台架试验Ⅱ——二次正交旋转组合试验

1.组合试验部件

（1）齿杆脱粒滚筒　同轴差速脱粒滚筒具体结构如图 9-21 所示，高速滚筒和低速滚筒长度配比可以更换 5 组（每组 6 根），按试验方案加工的不同长度齿杆——装有不同数量杆齿的组件来实现（滚筒直径不变）。

（2）圆锥形清选风机　圆锥形离心式清选风机结构如图 9-22 所示。圆锥形风机叶片锥度按试验方案加工配置（风机叶轮大端直径不变）5 组，每组 8 片（每个风机 4 片），试验时按照试验方案更换。

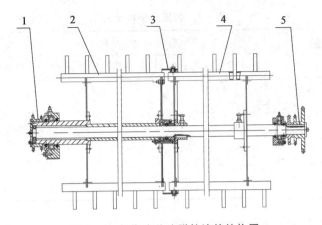

图 9-21　杆齿式差速脱粒滚筒结构图

1. 低速滚筒驱动链轮　2. 低速滚筒　3. 防干涉挡圈　4. 高速滚筒　5. 高速滚筒驱动链轮

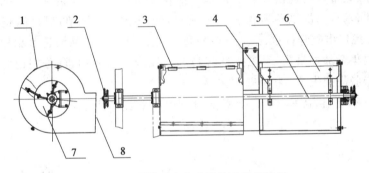

图 9-22　圆锥形离心式清选风机结构图

1. 风机壳体　2. 驱动链轮　3. 风机壳合页　4. 风机叶片支架　5. 转轴

6. 风机叶片　7. 进风口　8. 出风口

2. 组合试验方案

为考察差速滚筒转速组合(转速组合 x_1)、差速滚筒高低速段长度配比(高速段比例 x_2)、圆锥形风机叶片锥度(叶片锥度 x_3)3 个主要因素对脱粒清选装置工作性能(损失率 y_1、破碎率 y_2、含杂率 y_3、脱粒功耗 y_4)的影响,对横置差速轴流脱分选系统进行水稻脱分选性能试验,试验水稻部分特性如表 9-1 所示。采用二次正交旋转组合设计方法设计试验方案,试验重复两次。根据理论分析和生产实际,确定每个试验因素的取值范围,初步选取较为理想的因素水平,因素水平编码如表 9-5 所示。

表 9-5 因素水平编码表

编码值	因素水平		
x_j	转速组合 x_1/(r/min)	高速段比例 x_2/%	叶片锥度 x_3/(°)
上星号臂(+γ)	918/1 018	46.8	3.8
上水平(+1)	850/950	40	3.5
零水平(0)	750/850	30	3
下水平(−1)	650/750	20	2.5
下星号臂(−γ)	582/682	13.2	2.2

3.试验指标测定方法与试验结果

试验结束后收集与清理排草口和清选室出口的排出物,计算出损失率(包括未脱净、夹带和清选损失),从接粮口取样测定破碎率、含杂率。根据喂入量和草谷比,求得每次试验所得籽粒总质量,记为 W_1;从接粮口取样,记总质量 W_2;手工挑选出破碎籽粒、杂质并分别称重,记为 W_b、W_z;从清选室出口和排草口分别收集全部排出物,手工挑选籽粒和未脱净籽粒并称重,分别记为清选损失 W_c、未脱净损失 W_v 和夹带损失 W_j。

损失率 y_1、破碎率 y_2、含杂率 y_3 分别由以下公式求得:

$$y_1 = (W_c + W_v + W_j)/W_1 \tag{9-5}$$

$$y_2 = W_b/W_2 \tag{9-6}$$

$$y_3 = W_z/W_2 \tag{9-7}$$

根据三元二次正交旋转组合试验设计要求进行 23 次试验,试验方案和结果如表 9-6 所示。

表 9-6 二次回归正交旋转试验方案与结果

序号	转速组合 x_1/(r/min)	高速段比例 x_2/%	叶片锥度 x_3/(°)	损失率 y_1/%	破碎率 y_2/%	含杂率 y_3/%	高速滚筒功耗/kW	低速滚筒功耗/kW	脱粒总功耗/kW
1	850/950	40	3.5	2.69	0.82	0.64	5.96	10.79	16.75
2	850/950	40	2.5	1.95	0.86	0.85	6.17	10.32	16.49
3	850/950	20	3.5	1.98	0.77	0.78	5.32	10.19	15.51
4	850/950	20	2.5	2.33	0.84	0.98	5.22	10.23	15.45

序号	转速组合 x_1 /(r/min)	高速段比例 x_2 /%	叶片锥度 x_3 /(°)	损失率 y_1/%	破碎率 y_2/%	含杂率 y_3/%	高速滚筒功耗 /kW	低速滚筒功耗 /kW	脱粒总功耗 /kW
5	650/750	40	3.5	1.78	0.49	0.32	4.78	9.16	13.94
6	650/750	40	2.5	1.56	0.51	0.49	4.86	8.39	13.25
7	650/750	20	3.5	1.44	0.44	0.31	4.55	8.12	12.67
8	650/750	20	2.5	1.68	0.34	0.96	4.58	7.44	12.02
9	582/682	30	3	0.88	0.35	0.39	4.14	7.17	11.31
10	918/1 018	30	3	2.78	0.98	0.78	6.12	13.7	19.82
11	750/850	13.2	3	1.35	0.78	0.79	5.02	9.12	14.14
12	750/850	46.8	3	1.45	0.57	0.88	4.99	11.23	16.22
13	750/850	30	2.2	1.38	0.41	0.78	5.11	8.40	13.51
14	750/850	30	3.8	1.57	0.71	0.38	5.43	7.90	13.33
15	750/850	30	3	1.43	0.54	0.47	5.78	8.23	14.01
16	750/850	30	3	1.24	0.58	0.43	5.55	9.24	14.79
17	750/850	30	3	1.33	0.64	0.53	4.98	9.17	14.15
18	750/850	30	3	1.21	0.44	0.47	5.23	9.68	14.91
19	750/850	30	3	1.48	0.53	0.48	5.41	9.22	14.63
20	750/850	30	3	1.11	0.58	0.39	4.76	9.27	14.03
21	750/850	30	3	1.09	0.61	0.51	4.78	9.7	14.48
22	750/850	30	3	1.47	0.57	0.45	5.13	9.89	15.02
23	750/850	30	3	1.23	0.49	0.48	5.23	9.38	14.61

4. 试验结果分析

（1）回归方程及显著性检验　根据 23 次试验所得结果，运用 DPS 数据处理系统中的试验统计——二次正交旋转组合设计，可得损失率的三元二次回归方程为：

$$y_1 = 1.28 + 0.42x_1 + 0.05x_2 + 0.05x_3 + 0.26x_1^2 + 0.11x_2^2 +$$
$$0.14x_3^2 + 0.01x_1x_2 + 0.05x_1x_3 + 0.19x_2x_3 \tag{9-8}$$

回归方程的方差分析如表 9-7 所示。

表 9-7　损失率回归方程方差分析表

来源	平方和	自由度	F 比
回归	4.33	9	$F_2=7.68$
剩余	0.81	13	
失拟	0.33	5	$F_1=1.94$
误差	0.17	8	
总计	5.14	22	

查 F 表,$F_1=1.94<F_{0.05}(5,8)=3.69$,失拟项不显著,说明失拟平方和中,其他不可忽略因素对试验结果的影响很小,方程拟合显著,可用统计量 F_2 对回归方程进行显著性检验。$F_2=7.68>F_{0.01}(9,13)=4.17$,$F$ 检验的结果表明,由回归正交旋转设计所获得的回归方程与实际情况拟合很好,方程具有实际意义。经 t 检验,将不显著项剔除,可得回归方程为:

$$y_1=1.28+0.42x_1+0.26x_1^2+0.11x_2^2+0.14x_3^2+0.19x_2x_3 \tag{9-9}$$

用同样的方法得到破碎率、损失率和脱粒功耗的回归方程,分别为:

$$y_2=0.55+0.19x_1+0.03x_3+0.04x_1^2+0.04x_2^2-0.02x_1x_2-0.03x_1x_3 \tag{9-10}$$

$$y_3=0.47+0.13x_1-0.04x_2-0.14x_3+0.04x_1^2+0.13x_2^2+0.06x_2x_3 \tag{9-11}$$

$$y_4=14.52+1.95x_1+0.61x_2+0.33x_1^2-0.43x_3^2-0.13x_1x_3 \tag{9-12}$$

式(9-9)至式(9-12)中:y_1—损失率,%;y_2—破碎率,%;y_3—含杂率,%;y_4—脱粒功耗,kW;x_1—转速组合,r/min;x_2—高速段滚筒比例,%;x_3—叶片锥度,(°)。

(2)试验因素对各指标的单因素效应分析　回归方程中含有 3 个变量,为了直观的找出各因素对各指标的影响,采用降维法将多元复杂问题转化为一元问题,即将 3 个因素中的 2 个因素取固定水平,观察剩余因素对各指标的影响。如在考察转速组合、高速段比例、叶片锥度对损失率的影响时,在回归方程(9-9)中,分别令 $x_2=x_3=0$、$x_1=x_3=0$、$x_1=x_2=0$,可得到 x_1、x_2、x_3 对 y_1 值影响的 3 个单因素方程式:

$$y_1=1.28+0.42x_1+0.26x_1^2 \tag{9-13}$$

$$y_1=1.28+0.11x_2^2 \tag{9-14}$$

$$y_1=1.28+0.14x_3^2 \tag{9-15}$$

式(9-13)至式(9-15)分别表示转速组合、高速滚筒比例、叶片锥度与损失率的关系,绘制各因素对损失率的影响曲线如图 9-23 所示。由图可知,当滚筒长度配比和风机叶片锥度一定,滚筒转速低时,损失较大,这是因为脱粒不完全,未脱净损失较大,当滚筒转速大于−1 水平后,随着转速的增加,损失率变大,滚筒转速超过 1 水平时,趋势更明显,这是因为脱粒滚筒转速超过一定的范围后,籽粒破碎损失增加;当滚筒转速和滚筒长度配比一定时,随着风机叶片锥度的增加,损失率先降低,后增加,在 0 水平时损失率最小,说明圆锥形风机产生的横向风能有效降低损失率,但随着风机叶片锥度的增加,横向风过大导致清选筛分布变差,有籽粒被吹出机外导致清选损失变大;当脱粒滚筒转速和风机叶片锥度一定,滚筒长度配比对损失率几乎没有影响。影响损失率的各因素主次顺序分别为:转速组合、叶片锥度和高速滚筒比例。

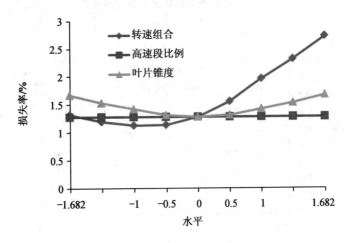

图 9-23　各因素对损失率的影响曲线图

根据同样方法,可得到滚筒转速组合 x_1、高速滚筒比例 x_2 和叶片锥度 x_3 三因素分别与破碎率 y_2、含杂率 y_3 和脱粒功耗 y_4 的单因素影响曲线图,如图 9-24 至图 9-26 所示。

由图 9-24 可知,滚筒转速组合与破碎率呈明显正相关,即滚筒转速越高,破碎率越大。就高速滚筒段比例而言,高速滚筒段比例小时,破碎率较大,这是因为滚筒低转速影响了籽粒分离;随着高速段比例增加,破碎率变小,在 0 水平时破碎率最小;随后随着高速段比例的增加,破碎率升高。说明高低速滚筒长度配比对破碎率有较明显影响,且高速段比例不宜太小或太大,取值 0 水平较为合适。

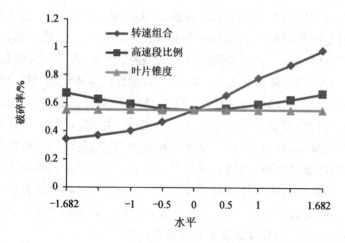

图 9-24　各因素对破碎率的影响曲线图

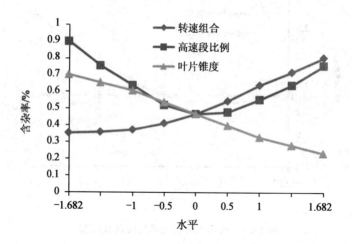

图 9-25　各因素对含杂率的影响曲线图

风机叶片锥度对破碎率的影响曲线趋于直线,说明风机叶片锥度对破碎率的影响很小。影响破碎率的各因素主次顺序分别为:转速组合、高速段比例和叶片锥度。

　　由图 9-25 可知,滚筒转速越高,含杂率越大,且转速组合 0 水平以上趋势更明显,表明随着滚筒转速的增大,脱粒空间内的碎茎叶增多,使籽粒含杂率升高;高速段比例小时,含杂率较大,随着高速段比例增加,含杂率变小,在 0 水平时含杂率最小,随后随着高速段比例的增加,含杂率升高,表明高速段比例不宜太小或太大,取值 0 水平较为合适;风机叶片锥度对含杂率的影响较为显著,随着

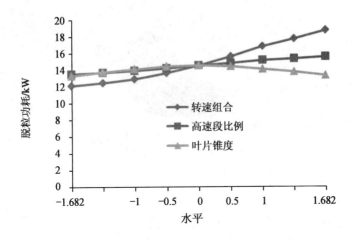

图 9-26　各因素对脱粒功耗的影响曲线图

叶片锥度的变大,含杂率降低,表明圆锥形清选风机横向风对清选质量有重要作用。影响含杂率的各因素主次顺序分别为:转速组合、叶片锥度和高速段比例。

由图 9-26 可知,脱粒功耗随滚筒转速的增大而增加,同时亦随高速段比例的增大而增加,但是两者相比,滚筒转速对脱粒功耗的影响更大;风机叶片锥度对脱粒功耗的影响不大,在叶片锥度 0 水平时,比其他水平略大。影响脱粒功耗的各因素主次顺序分别为:转速组合、高速段比例和叶片锥度。

(3)试验因素对各指标的双因素效应分析　在三元二次回归方程中,固定其中一个因素,可得到另外两个因素与指标的回归子模型。在式(9-9)中,分别令 $x_3=0;x_2=0;x_1=0$,则得到损失率双因素方程分别为:

$$y_1(x_1,x_2)=1.28+0.42x_1+0.26x_1^2+0.11x_2^2 \tag{9-16}$$

$$y_1(x_1,x_3)=1.28+0.42x_1+0.26x_1^2+0.14x_3^2 \tag{9-17}$$

$$y_1(x_2,x_3)=1.28+0.11x_2^2+0.14x_3^2+0.19x_2x_3 \tag{9-18}$$

采用曲面图方法描述两个因素对试验指标的影响,在 MATLAB 中绘制试验指标的双因素影响曲面图,如图 9-27 所示。图中(a)为高速滚筒转速与高速滚筒比例对损失率的双因素影响曲面图,图中(b)为高速滚筒转速和叶片锥度对损失率的双因素影响曲面图,图中(c)为高速滚筒比例和叶片锥度对损失率的双因素影响曲面图。

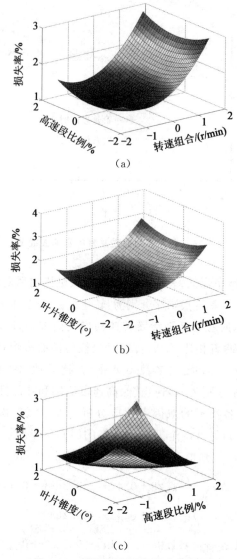

图 9-27 损失率双因素影响曲面图

由图 9-27(a)可知,在滚筒转速组合和高速段比例的交互作用中,转速组合对损失率的影响较大,在转速组合－1 水平和高速段比例 0 水平时,损失率最小;由(b)可知,在滚筒转速组合和风机叶片锥度的交互作用中,转速组合对损失率的影响较大,在转速组合－1 水平和风机叶片锥度 0 水平时,损失率最小;由(c)可知,在高速段比例和风机叶片锥度的交互作用中,当两者均处于 0 水平时,损失率最小。

采用同样方法,可得到滚筒转速组合 x_1、高速滚筒比例 x_2 和叶片锥度 x_3 分别与破碎率 y_2、含杂率 y_3 和脱粒功耗 y_4 的双因素影响曲线图,如图 9-28 至图 9-30 所示。

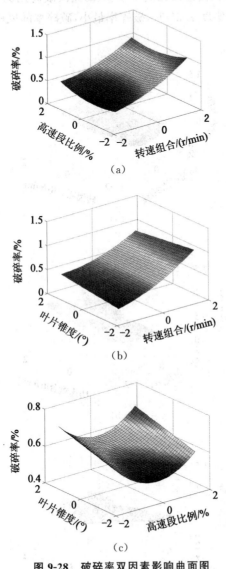

（a）

（b）

（c）

图 9-28　破碎率双因素影响曲面图

由图 9-28(a)可知,在滚筒转速组合和滚筒高速段比例的交互作用中,在高速段比例 0 水平时,破碎率随转速增加而升高;由(b)可知,在滚筒转速组合和风机叶片锥度的交互作用中,滚筒转速组合对破碎率的影响较大,在转速较低时,破碎率随叶片锥度的增大而略有升高,在转速较高时,破碎率随叶片锥度的增大反而略有降低;由(c)可知,在高速段比例 0 水平(高速段滚筒比例 30%)和风机叶片锥度-1.682 水平(叶片锥度 2.2°)时,破碎率最小,破碎率随风机叶片锥度的增大而升高。

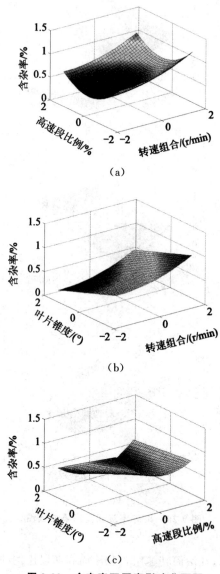

（a）

（b）

（c）

图 9-29　含杂率双因素影响曲面图

由图9-29(a)可知,在滚筒转速组合和滚筒高速段比例的交互作用中,在高速段比例0水平时,含杂率随转速增加而升高,高速段比例和转速组合均为最大水平时,含杂率最大;由(b)可知,含杂率随转速增大而升高,随风机叶片锥度增大而降低;由(c)可知,风机叶片锥度和高速段比例最小水平时,含杂率最大,高速段比例0水平,叶片锥度最大水平时,含杂率最小。

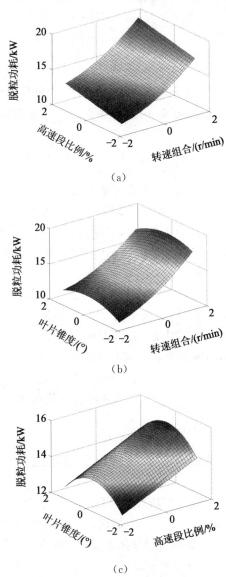

图9-30 脱粒功耗双因素影响曲面图

由图 9-30(a)可知,在滚筒转速组合和滚筒高速段比例的交互作用中,脱粒功耗与转速组合和高速段比例呈明显正相关;由(b)可知,在滚筒转速组合与风机叶片锥度的交互作用中,转速组合为主要因素;由(c)可知,风机叶片锥度 0 水平时最大,风机叶片锥度在任何情况下,脱粒功耗都随高速段比例的增大而增大。

(4)性能指标的多目标组合优化　损失率、破碎率、含杂率和脱粒功耗是评价脱分选装置工作性能的主要指标,在各自的约束条件下应达到最小值。根据已建立的损失率 y_1、破碎率 y_2、含杂率 y_3、脱粒功耗 y_4 数学模型,使得

$$y_i = f(x_1, x_2, x_3) \rightarrow \min \quad (i = 1, 2, 3, 4) \qquad (9\text{-}19)$$

利用多目标优化的方法分析脱分选综合性能的最佳参数组合,利用 MAT-LAB 中的优化工具箱 fgoalattain 函数求解多目标达到问题,约束条件为

$$\begin{cases} y_i \geqslant 0 \\ -1.682 \leqslant x_j \leqslant 1.682 \end{cases} \quad (i = 1, 2, 3, 4; j = 1, 2, 3)$$

得到横置差速轴流脱分选系统最佳组合参数方案为:转速组合 x_1 水平值 0.030 7,实际值为 773/876 r/min;高速段比例 x_2 水平值 -0.016 7,实际值为 29.5%;叶片锥度 x_3 水平值为 1.679 1,实际值为 3.75°。根据试验设计各因素的水平变化幅度,将具体数值向接近值圆整靠近,最终选取三因素最佳参数组合方案为:转速组合 750/850 r/min,高速段比例 30%,叶片锥度 3.8°。可见,23 组试验方案中的第 14 组试验方案为最佳方案。此工况下,横置差速轴流脱分选系统综合工作性能最佳,其损失率为 1.57%,破碎率为 0.71%,含杂率为 0.38%,脱粒总功耗为 13.33 kW,低速滚筒平均功耗占脱粒分离总功耗的 59.3%,高速滚筒平均功耗占脱粒分离总功耗的 40.7%。根据有关文献,单速滚筒脱粒分离功耗常规设计指标为 7.5~9.0 kW/kg。本次试验结果显示,差速滚筒脱粒分离总功耗为 5.65~9.91 kW/kg,平均值为 7.28 kW/kg,略低于常规设计指标。

9.1.7　$L_9(3^4)$ 正交试验与二次旋转正交组合试验结果比较

同轴差速脱粒技术通过合理利用脱粒滚筒转速,解决损失率(脱不净与夹带)与破碎率的矛盾;圆锥形清选风机产生的横向风能有效均布振动筛面上的脱出物;两项技术的应用能使横置轴流脱分选系统获得优良的工作性能。但试验方案不同,对横置差速轴流脱分选系统的结构参数和工作参数取值结果也不同:

(1)$L_9(3^4)$ 正负试验最优方案为 B1C3A3,即差速滚筒转速组合 750/950 r/min,

圆锥形风机叶片锥度 5°,滚筒类型为 28 型(高速段比例 20%),损失率 1.28%,破碎率 0.32%,含杂率 0.48%,高速滚筒平均功耗 4.21 kW,低速滚筒平均功耗 12.55 kW,脱粒总功耗 16.66 kW。

(2)二次旋转正交试验,影响横置差速轴流脱分选系统损失率、含杂率的 3 个因素主次顺序依次为差速滚筒转速组合、圆锥形风机叶片锥度、差速滚筒高低速段长度配比;影响横置差速轴流脱分选系统破碎率、脱粒功耗的 3 个因素主次顺序依次为差速滚筒转速组合、差速滚筒高低速段长度配比、圆锥形风机叶片锥度;最优参数组合为:差速滚筒转速组合 750/850 r/min,风机叶片锥度 3.8°,高速段比例 30%;对应工作性能指标为:损失率 1.57%、破碎率 0.71%、含杂率 0.38%,脱粒总功耗 13.33 kW,其中,低速滚筒平均功耗占脱粒分离总功耗的 59.3%,高速滚筒平均功耗占脱粒分离总功耗的 40.7%。

(3)二者比较结果,三因素对工作性能指标的影响大小依此均为差速滚筒转速组合、风机叶片锥度和高速段比例,但两者具体参数相差甚远。二次旋转正交试验最优参数组合为:差速滚筒转速组合 750/850 r/min,高速段比例 30%,风机叶片锥度 3.8°。而 $L_9(3^4)$ 正交试验最优参数组合为:差速滚筒转速组合 750/950 r/min,风机叶片锥度 5°,高速段比例 20%。虽工作性能指标损失率、破碎率、含杂率二者接近且均合格,但 $L_9(3^4)$ 正交试验脱粒总功耗为 16.66 kW,二次旋转正交试验脱粒总功耗 13.33 kW,$L_9(3^4)$ 正交试验比二次旋转正交试验脱粒总功耗大 3.33 kW,按二次旋转正交进行试验更为科学。

9.2 半喂入回转式栅格凹板脱分选装置台架试验

为探明脱粒滚筒转速、栅格凹板回转速度和夹持喂入输送链速度等工作参数对工作性能(损失率、破碎率、含杂率)和脱粒功耗的影响,在半喂入联合收割机原有脱粒装置的基础上研制了回转式栅格凹板脱粒装置试验台,采用 $L_9(3^4)$ 正交和二次旋转正交组合设计法进行了回转式栅格凹板脱分选系统性能试验。

9.2.1 试验台结构和工作过程

1.试验台结构

半喂入联合收割机脱分选试验台包括:4 台作物输送装置,具有回转式栅格凹板的半喂入脱分选装置(包括弓齿式脱粒滚筒、夹持输送链、回转式栅格凹板、振动筛、清选风机、复脱机构、搅龙、粮箱、排草机构等),4台调速电机及工控箱等。其结构如图9-31所示,试验台实物如图9-32所示。作物输送台由4台长×宽×高为5 000 mm×900 mm×900 mm的皮带输送器串联组成(高度可调),输送速度0~2 m/s,无级可调;脱粒滚筒配置调速电机1台,功率10 kW,脱粒滚筒转速500~650 r/min;清选和籽粒处理装置配置调速电机1台,功率5 kW,转速1 120~1 350 r/min;夹持喂入链配置驱动电机1台,功率7.5 kW;回转凹板驱动电机1台,功率2 kW;每台电机均通过变频器调整电机转速并测定电机转速和功率,通过数据采集系统在工控箱仪表显示。

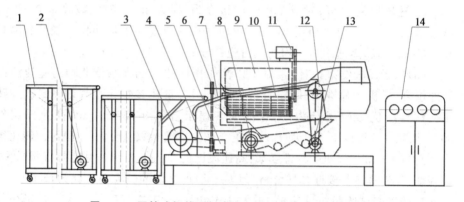

图9-31 回转式栅格凹板半喂入脱分选试验台示意图

1.作物输送台 2.调速电机 3.脱粒滚筒调速电机 4.脱粒滚筒驱动皮带 5.传动箱
6.脱粒滚筒皮带轮 7.夹持喂入链 8.清选风扇调速电机 9.脱粒滚筒 10.回转式凹板
11.回转式凹板调速电机 12.喂入链驱动轮 13.喂入链调速电机 14.控制箱

2.试验台工作过程

试验前,需根据喂入量设置作物输送速度,测量输送台从启动到设定速度的时间,计算输送台前端不放置作物的预留空间。按设定的喂入量,每组试验将相等质量的水稻均匀铺放在输送台平胶带的指定范围内,茎秆长度方向与输送方向垂直,穗头朝向脱粒滚筒。根据试验方案,通过变频器调节脱粒滚筒转速、凹板回转速度、清选风扇转速、夹持输送喂入链速度和输送台速度。

3.试验物料

试验在室内进行,试验水稻品种采用浙江省广为种植的"甬优-15",人工收割(割茬高度150 mm)后当日进行试验。水稻部分特性如表9-8所示。

图 9-32 半喂入联合收割机回转栅格凹板脱分选装置

表 9-8 试验水稻基本特性参数

项目	参数	项目	参数
物料株高/cm	75～93	谷草比(割茬 15 cm)	1：2.56
穗幅差/cm	21～32	千粒重/g	30.6
籽粒平均含水率/%	24.6	单产/(kg/hm²)	8 250
茎秆含水率/%	45.4～48.6		

9.2.2 试验指标测定方法

试验结束后收集与清理排草口和清选室出口的排出物,计算出损失率(包括未脱净、夹带和清选损失),从接粮口取样测定破碎率、含杂率。根据喂入量和草谷比,求得每次试验所得籽粒总质量,记为 W_1;从接粮口取样,记总质量 W_2;手工挑选出破碎籽粒、杂质并分别称重,记为 W_p、W_z;从清选室出口和排草口分别收集全部排出物,手工挑选籽粒和未脱净籽粒并称重,分别记为清选损失 W_c、未脱净损失 W_v 和夹带损失 W_j。损失率 y_1、破碎率 y_2、含杂率 y_3 分别由以下公式求得:

$$y_1 = (W_c + W_v + W_j)/W_1 \tag{9-20}$$

$$y_2 = W_p / W_2 \tag{9-21}$$

$$y_3 = W_z / W_2 \tag{9-22}$$

9.2.3 $L_9(3^4)$正交试验

1. 试验方案

在自行研制的试验台架上,对回转凹板筛脱分选系统进行水稻脱分选性能试验,考察脱粒滚筒转速 x_1、回转凹板线速度 x_2、夹持链线速度 x_3 三个主要因素对脱粒清选装置工作性能(损失率 y_1、破碎率 y_2、含杂率 y_3)的影响。经分析,满足条件的最小正交表为 $L_9(3^4)$,故选用正交表 $L_9(3^4)$ 来做三因素三水平的正交试验。试验结果如表 9-9 所示。

表 9-9　$L_9(3^4)$水平正交试验表

试验号	脱粒滚筒转速 A/(r/min)	凹板线速 B/(m/s)	喂入夹持链线速度 C/(m/s)	空列	总损失率/%	含杂率/%	破碎率/%
1	500	1	1	1	0.99	0.29	0.17
2	500	1.5	1.5	2	2.18	0.88	0.08
3	500	2	2	3	3.56	0.79	0.58
4	550	1	1.5	3	1.28	0.55	0.50
5	550	1.5	2	1	1.42	0.73	0.33
6	550	2	1	2	0.74	0.36	0.42
7	600	1	2	2	2.50	0.66	0.33
8	600	1.5	1	3	0.60	0.73	0.17
9	600	2	1.5	1	1.05	0.41	0.17

2. 试验结果分析

通过对每一因素的平均极差进行分析,确定影响指标的主要因素以及最佳因素水平组合。

(1)A、B、C 各因素对总损失率的影响的极差分析结果　表 9-10 显示:$R_C >$

$R_A > R_B$，因此对总损失率的影响为 C 因素(夹持输送链速度)最大，A 因素(滚筒转速)次之，B 因素(凹板回转速度)最小。从图 9-33 可看出：A 因素 A_2 总损失最小，说明滚筒转速适合；B 因素 B_2 总损失最小，说明凹板线速度越小，籽粒通过的可能性越高，损失越小；C 因素 C_1 总损失最小，因为夹持输送链速度越小，脱粒的时间越长，未脱净损失越小。因此，其最佳组合为 $A_2B_2C_1$。

表 9-10 总损失率 y_1 极差分析表

	A	B	C	空列
K_1	6.73	4.77	2.33	3.46
K_2	3.44	4.20	4.51	5.42
K_3	4.15	5.35	7.48	5.44
k_1	2.243 3	1.590 0	0.776 7	1.153 3
k_2	1.146 7	1.400 0	1.503 3	1.806 7
k_3	1.383 3	1.783 3	2.493 3	1.813 3
极差 R	1.096 7	0.383 3	1.716 7	0.660 0
因素主次		CAB		
优化方案		$A_2B_2C_1$		

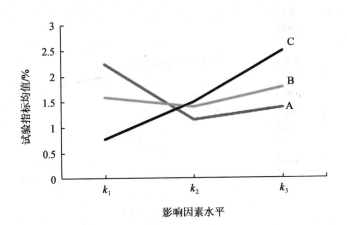

图 9-33 A、B、C 三因素对总损失率的影响

(2)A、B、C各因素对破碎率的影响的极差分析结果 表 9-11 显示:$R_A >$
$R_C > R_B$,因此对破碎率的影响为 A 因素(滚筒转速)最大,C 因素(夹持输送链
速度)次之,B 因素(凹板回转速度)最小。从图 9-34 可看出:A 因素 A_1 破碎率最
小,B 因素 B_3 破碎率最小,C 因素 C_3 破碎率最小,因此,其最佳组合为 $A_1 B_3 C_3$。

表 9-11 破碎率 y_2 极差分析表

	A	B	C	空列
K_1	0.51	1.10	1.10	0.77
K_2	1.09	0.96	1.03	0.95
K_3	1.37	0.91	0.84	1.25
k_1	0.170 0	0.366 7	0.366 7	0.256 7
k_2	0.363 3	0.320 0	0.343 3	0.316 7
k_3	0.456 7	0.303 3	0.280 0	0.416 7
极差 R	0.286 7	0.063 3	0.086 7	0.160 0
因素主次		ACB		
优化方案		$A_1 B_3 C_3$		

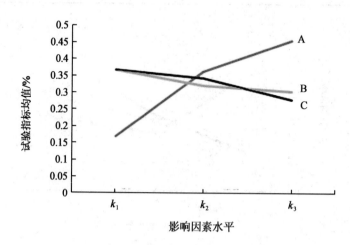

图 9-34 A、B、C 三因素对破碎率的影响

(3)A、B、C 各因素对含杂率的影响的极差分析　表 9-12 显示：$R_B > R_C > R_A$，因此对含杂率的影响为 B 因素(凹板回转速度)最大，凹板速度越小，脱落物分离时间越长，含杂率越低；C 因素(夹持输送链速度)次之，夹持链速度越快，越容易出现断穗现象，含杂率越高。A 因素(滚筒转速)最小，但 3 个因素的极差都很小，说明三者对含杂率的影响也较小。从图 9-35 可看出，A 因素 A_2 最小，B 因素 B_1 最小，C 因素 C_1 最小，因此，其最佳组合为 $A_2 B_1 C_1$。

表 9-12　含杂率 y_3 极差分析表

	A	B	C	空列
K_1	1.96	1.50	1.38	1.43
K_2	1.64	2.34	1.84	1.90
K_3	1.80	1.56	2.18	2.07
k_1	2.243 3	0.500 0	0.460 0	0.476 7
k_2	1.146 7	0.780 0	0.613 3	0.633 3
k_3	1.383 3	0.520 0	0.726 7	0.690 0
极差 R	1.096 7	0.280 0	0.266 7	0.213 3
因素主次		ABC		
优化方案		$A_2 B_1 C_1$		

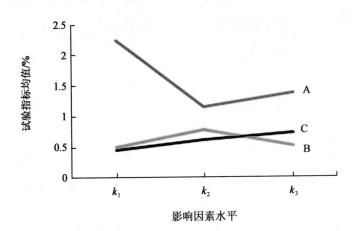

图 9-35　A、B、C 三因素对含杂率的影响

综上，A、B、C 3 个因素对损失率 y_1、破碎率 y_2、含杂率 y_3 影响的最佳组合分别为：$A_2B_2C_1$、$A_1B_3C_3$ 和 $A_2B_1C_1$，其中 A 因素 x_1（滚筒转速）对破碎率影响最大，B 因素 x_2（回转凹板线速度）对含杂率影响最大，C 因素 x_3（夹持输送链速度）对损失率的影响最大；而考核单个因素对 3 个指标的影响，最佳组合应为 $A_2B_1C_1$，但正交表中并无此方案。为此对 $A_2B_1C_1$ 方案进行了单独试验，其工作参数为：滚筒转速 $x_1=550$ r/min，凹板速度 $x_2=1.0$ m/s，夹持输送链速度 $x_3=1.0$ m/s，对应损失率 y_1、破碎率 y_2、含杂率 y_3 依次为 2.09%、0.65% 和 0.45%。于是选用 $A_2B_1C_1$ 为最佳因素水平组合方案。

9.2.4　二次正交旋转组合试验

1.试验方案

在自行研制的试验台上，对回转凹板脱分选系统进行水稻脱分选性能试验，考察脱粒滚筒转速（x_1）、回转凹板线速度（x_2）、夹持链线速度（x_3）3 个主要因素对脱粒清选装置工作性能（损失率 y_1、破碎率 y_2、含杂率 y_3）和脱分选功耗 y_4 的影响。采用二次正交旋转组合设计方法设计试验方案，根据理论分析和生产实际，确定每个试验因素的取值范围，初步选取合理的因素水平，$\gamma=1.682$。因素水平编码如表 9-13 所示。

表 9-13　因素水平编码表

编码值 x_j	因素水平		
	脱粒滚筒转速 x_1 /(r/min)	凹板线速度 x_2 /(m/s)	夹持链线速度 x_3 /(m/s)
上星号臂（$+\gamma$）	634.1	1.504 6	1.504 6
上水平（$+1$）	600	1.3	1.3
零水平（0）	550	1	1
下水平（-1）	500	0.7	0.7
下星号臂（$-\gamma$）	465.9	0.495 4	0.495 4
Δ_j	50	0.3	0.3

根据三元二次正交旋转组合设计安排进行了 23 次试验，其中 9 次零水平重复试验，分别调整脱粒滚筒电机、回转凹板调速电机、夹持输送链调速电机至组合试验方案的规定水平后试验。二次回归正交旋转试验方案与结果如表 9-14 所示。

表 9-14　二次回归正交旋转试验方案与结果

序号	脱粒滚筒转速编码 x_1	凹板线速度编码 x_2	夹持链线速度编码 x_3	损失率 y_1/%	破碎率 y_2/%	含杂率 y_3/%	脱分选功耗 y_4/kW
1	1	1	1	2.402	0.42	1.12	13.95
2	1	1	−1	2.278	1.13	1.42	13.36
3	1	−1	1	2.621	0.39	0.71	13.53
4	1	−1	−1	2.335	1.03	0.95	12.36
5	−1	1	1	2.823	0.27	0.67	12.03
6	−1	1	−1	2.558	0.53	0.82	11.17
7	−1	−1	1	2.856	0.17	0.78	12.57
8	−1	−1	−1	2.677	0.56	0.85	11.47
9	−1.682	0	0	3.416	0.33	0.63	10.88
10	1.682	0	0	2.608	0.96	1.57	14.85
11	0	−1.682	0	2.605	0.32	0.74	12.26
12	0	1.682	0	2.395	0.37	0.75	12.46
13	0	0	−1.682	1.777	1.12	1.35	11.97
14	0	0	1.682	2.927	0.17	0.65	13.33
15	0	0	0	1.853	0.33	0.61	12.35
16	0	0	0	1.924	0.35	0.37	13.15
17	0	0	0	2.071	0.36	0.63	12.85
18	0	0	0	1.938	0.25	0.64	12.26
19	0	0	0	2.251	0.27	0.72	12.26
20	0	0	0	2.153	0.38	0.6	12.26
21	0	0	0	1.663	0.37	0.65	12.85
22	0	0	0	1.976	0.28	0.72	12.26
23	0	0	0	1.881	0.31	0.78	11.95

2.试验结果分析

(1)回归方程及显著性检验　根据试验所得结果,运用 DPS 数据处理系统"试验统计"—"二次正交旋转组合设计",以 $\alpha = 0.10$ 显著水平剔除不显著项,得损失率简化后的回归方程为:

$$y_1 = 1.965\ 3 - 0.158\ 8x_1 + 0.167\ 5x_3 + 0.304\ 5x_1^2 +$$
$$0.105\ 9x_2^2 + 0.159\ 6x_3^2 \tag{9-23}$$

用同样的方法得到破碎率 y_2、含杂率 y_3 和脱分选功耗 y_4 的回归方程,分别为:

$$y_2 = 0.322\ 1 + 0.183\ 0x_1 - 0.263\ 4x_3 + 0.114\ 9x_1^2 + 0.114\ 9x_3^2 \tag{9-24}$$

$$y_3 = 0.635\ 91 + 0.246\ 10x_1 - 0.136\ 86x_3 + 0.160\ 77x_1^2 + 0.143\ 09x_3^2 \tag{9-25}$$

$$y_4 = 12.467\ 27 + 0.925\ 30x_1 + 0.439\ 87x_3 \tag{9-26}$$

(2)试验因素对各指标的单因素效应分析　在探索某单因素对某评价指标的影响时,设其他 2 个因素为零水平,将多元问题简化为一元问题。回归方程式(9-23)中,分别令 $x_2 = x_3 = 0$,$x_1 = x_3 = 0$,$x_1 = x_2 = 0$,可得 x_1,x_2,x_3 单因素对损失率影响的三组方程:

$$y_1 = 1.965\ 3 - 0.158\ 8x_1 + 0.304\ 5x_1^2 \tag{9-27}$$

$$y_1 = 1.965\ 3 + 0.105\ 9x_2^2 \tag{9-28}$$

$$y_1 = 1.965\ 3 + 0.167\ 5x_3 + 0.159\ 6x_3^2 \tag{9-29}$$

由式(9-27)至式(9-29)生成的影响曲线如图 9-36 所示。

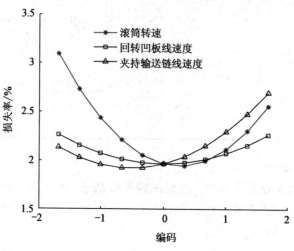

图 9-36　各因素对损失率的影响

由图 9-36 可知,损失率与滚筒转速 x_1、回转凹板线速度 x_2 和夹持喂入链线速度 x_3 均呈二次曲线关系,从曲线趋势看,x_1 对损失率的影响最显著,x_2 影响最小。在 $[-\gamma,0]$ 区间,随着 x_1,x_2,x_3 增大,损失减小;在 $[0,\gamma]$ 区间,随着 x_1,x_2,x_3 增大,损失增大。这是因为,脱粒滚筒转速过低时脱粒不净,转速过高时破碎籽粒增多,夹带损失和清选损失增大。各因素在零水平附近时损失率最低。

根据上述方法,同样可得到脱粒滚筒转速 x_1、回转凹板线速度 x_2、夹持喂入链速度 x_3 分别与破碎率 y_2、含杂率 y_3 和脱分选系统功耗 y_4 等的单因素影响曲线图,如图 9-37 至图 9-39 所示。

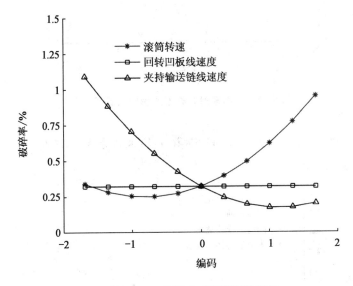

图 9-37　各因素对破碎率的影响

由图 9-37 可知,回转凹板线速度 x_2 对破碎率 y_2 没有影响,因为凹板筛的回转速度很慢对脱落物形成的冲击很小;破碎率 y_2 与 x_1、x_3 呈二次曲线关系。在 $[-\gamma,0]$ 区间,$y_2(x_1)$ 曲线平缓,x_1 对 y_2 的影响较小,在 $x_1=-0.5$ 附近破碎率最低;在 $[0,\gamma]$ 区间,随着 x_1 增大 y_2 迅速增大。在整个 $[-\gamma,\gamma]$ 区间,破碎率 y_2 随着 x_3 增大迅速下降,在 $x_3=1$ 附近达到最小。

由图 9-38 可知,回转凹板线速度 x_2 对含杂率 y_3 没有影响;含杂率 y_3 与滚筒转速 x_1、夹持喂入链线速度 x_3 呈二次曲线关系。在 $[-\gamma,0]$ 区间,$y_3(x_1)$ 曲线平缓,x_1 对 y_3 的影响较小,在 $x_1=-0.5$ 附近含杂率最低;在 $[0,\gamma]$ 区间,随着 x_1

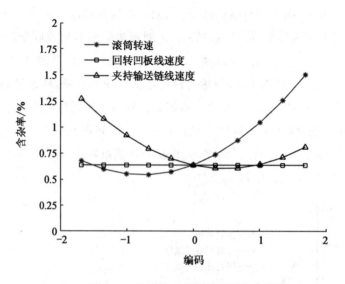

图 9-38　各因素对含杂率的影响曲线图

增大 y_3 迅速增大。在 $[-\gamma,0.5]$ 区间，随着 x_3 增大含杂率 y_3 减小，在 $x_3=0.5$ 附近含杂率达到最小。

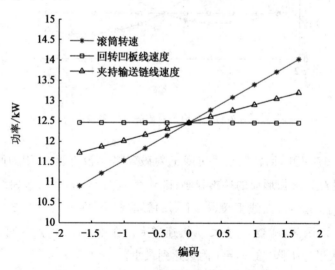

图 9-39　各因素对脱分选系统功耗的影响

由图 9-39 可知，回转凹板线速度 x_2 对脱分选功耗 y_4 几乎没有影响，这是由于凹板回转功耗很小，滚筒转速 x_1、夹持喂入链线速度 x_3 与试验台脱分选系统功耗 y_4 呈正比关系，脱粒滚筒转速 x_1 对脱分选系统功耗 y_4 影响最大。

以上单因素效应分析表明，脱粒滚筒转速对损失率、含杂率和破碎率影响最大。因此，在保证脱净率符合要求的前提下，尽可能选用合理的滚筒转速。

（3）试验因素对各指标的双因素效应分析　设其中一个因素为 0 水平，可得到另外两个因素与指标的回归模型，体现双因素对指标的影响效应。在式（9-23）中，分别令 $x_1=0$，$x_2=0$，$x_3=0$，得到损失率双因素效应三组方程：

$$y_1(x_2,x_3)=1.965\ 3+0.167\ 5x_3+0.105\ 9x_2^2+0.159\ 6^2x_3 \tag{9-30}$$

$$y_1(x_1,x_3)=1.965\ 3-0.158\ 8x_1+0.167\ 5x_3+0.304\ 5x_1+0.159\ 6x_3^2 \tag{9-31}$$

$$y_1(x_1,x_2)=1.965\ 3-0.158\ 8x_1+0.304\ 5x_1^2+0.105\ 9x_2^2 \tag{9-32}$$

使用 MATLAB 软件绘制试验指标的双因素影响曲面图，如图 9-40 所示。(a) 为回转凹板线速度 x_2 与夹持喂入链线速度 x_3 对损失率 y_1 的双因素影响曲面图；(b) 为滚筒转速 x_1 和夹持喂入链线速度 x_3 对损失率 y_1 的双因素影响曲面图；(c) 为滚筒转速 x_1 和回转凹板线速度 x_2 对损失率 y_1 的双因素影响曲面图。

由图 9-40(a) 可知，在回转凹板线速度 x_2 和夹持喂入链线速度 x_3 的交互作用中，x_3 对损失率的影响较大，在 $x_3=-0.5$ 和 $x_2=0$ 水平附近时，损失率最小；由图 (b) 可知，在脱粒滚筒转速 x_1 和夹持喂入链线速度 x_3 的交互作用中，x_1 对损失率的影响较大，在 $x_1=0$ 和 $x_3=-0.5$ 水平时，损失率最小；由图 (c) 可知，在脱粒滚筒转速 x_1 和回转凹板线速度 x_2 的交互作用中，x_1 对损失率的影响比较显著，当两者均处于 0 水平时，损失率最小。

采用上述同样方法，在式（9-24）、式（9-25）、式（9-26）中，分别令 $x_1=0$，$x_2=0$，$x_3=0$（计算式 y_2、y_3、y_4 各三组方程式从略）可得到破碎率 y_2、含杂率 y_3、脱分选总功耗 y_4 的双因素影响曲面图，如图 9-41 至图 9-43 所示。

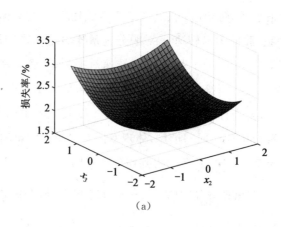

(a)

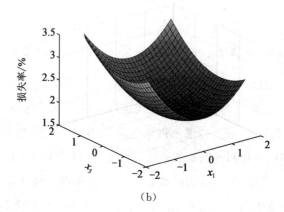

(b)

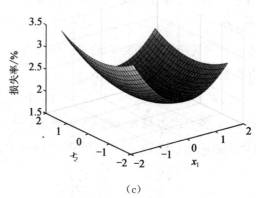

(c)

图 9-40　损失率双因素影响曲面图

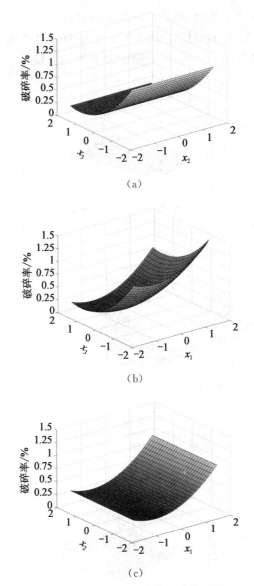

（a）

（b）

（c）

图 9-41　破碎率双因素影响曲面图

由图 9-41（a）可知,在回转凹板线速度 x_2 和夹持喂入链线速度 x_3 的交互作用中,x_2 变化对破碎率不构成影响,随 x_3 升高破碎率降低,$x_3＝1$ 水平附近时破碎率最小;由图（b）可知,在脱粒滚筒转速 x_1 和夹持喂入链线速度 x_3 的交互作用中,x_1、x_3 均对破碎率构成较大影响,破碎率随 x_1 增大而升高,随 x_3 升高而降低,在 $x_1 = -0.5$,$x_3 = 1$ 附近,破碎率达到最小值;由图(c)可知,在脱粒滚筒转速 x_1 和回转凹板线速度 x_2 的交互作用中,x_2 变化对破碎率基本不构成影响,破碎率随 x_1 增大而提高,在 $x_1 = -0.5$ 附近,破碎率达到最小。

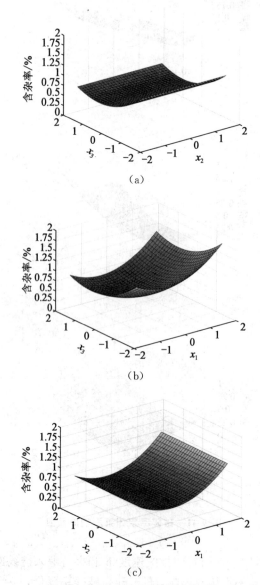

(a)

(b)

(c)

图 9-42　含杂率双因素影响曲面图

由图 9-42(a)可知,在回转凹板线速度 x_2 和夹持喂入链线速度 x_3 的交互作用中,x_2 变化对含杂率不构成影响,随着 x_3 减小,含杂率略有增加,在 $x_3 = 0.5$ 附近,含杂率达到最小;由图(b)可知,在滚筒转速 x_1 和夹持喂入链线速度 x_3 的交互作用中,含杂率随 x_1 增大而升高,随 x_3 增大而降低,在 $x_1 = 0$,$x_3 = 0.5$ 附近,含杂率达到最小;由图(c)可知,在滚筒转速 x_1 和回转凹板线速度 x_2 的交互作用中,x_2 变化对含杂率不构成影响,含杂率随 x_1 增大先升高再降低,在 $x_1 = 0$ 附近,含杂率达到最小。

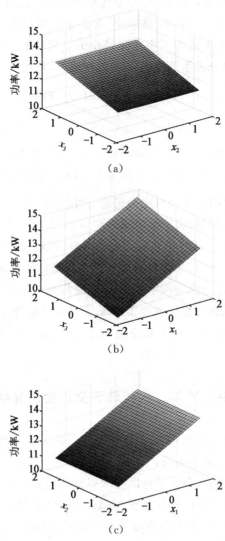

（a）

（b）

（c）

图 9-43　脱粒功耗双因素影响曲面图

由图 9-43(a)可知,在回转凹板线速度 x_2 和夹持喂入链线速度 x_3 的交互作用中,脱分选总功耗与 x_3 呈明显正比关系,由于回转凹板负荷极小,x_2 对脱分选总功耗的影响几乎可以忽略;由图(b)可知,在滚筒转速 x_1 和夹持喂入链线速度 x_3 的交互作用中,脱分选总功耗随 x_1、x_3 的增大而升高,与两者均呈正比关系,但 x_1 对脱分选总功耗的影响明显大于 x_3,显示 x_1 为脱分选总功耗的主要因素;由图(c)可知,在滚筒转速 x_1 和回转凹板线速度 x_3 的交互作用中,脱分选总功耗 y_4 和 x_1 呈正比关系,x_2 变化对脱分选总功耗几乎没有影响。

(4)性能指标优化　损失率、破碎率、含杂率是评价脱分选装置工作性能的主要指标,在各自的约束条件下应达到最小值。根据已建立的损失率 y_1、破碎率 y_2、含杂率 y_3 和脱分选系统功耗 y_4 的数学模型,使得:

$$y_i = f(x_1, x_2, x_3) \rightarrow \min \ (i = 1, 2, 3, 4) \tag{9-33}$$

约束条件为:

$$\begin{cases} y_i = f(x_1, x_2, x_3) > 0 & (i = 1, 2, 3, 4) \\ -1.682 < x_j < 1.682 & (j = 1, 2, 3) \end{cases}$$

利用多目标优化的方法分析脱分选综合性能的最佳参数组合,利用 DPS 数据处理系统的多目标规划,选用极大模理想点法,选择损失率、含杂率和破碎率的权重数分别为 4、2、4,运行多目标优化并圆整获得三因素最佳参数组合方案。

通过二次旋转正交组合试验,得出了对性能指标影响因素的主次顺序分别为滚筒转速、夹持输送链线速度和回转凹板线速度。最佳参数组合为:脱粒滚筒转速 550 r/min,回转凹板线速度 1 m/s,夹持输送链线速度为 1.2 m/s,对应的损失率、含杂率和破碎率三指标分别为 2.29%、0.15% 和 0.45%,均在国家标准规定范围之内。

9.2.5　$L_9(3^4)$ 正交试验与二次旋转正交组合试验结果比较

回转式栅格凹板的应用提高了半喂入脱分选装置工作性能。但试验方案不同,工作参数取值结果也不同:

(1)$L_9(3^4)$ 正交试验,得出了对性能指标影响因素的主次顺序为滚筒转速、夹持输送链线速度和回转凹板线速度,选取 $A_2B_1C_1$ 为最佳因素水平组合方案,即滚筒转速为 550 r/min,凹板线速度为 1.0 m/s,夹持输送链线速度为 1.0 m/s。对应的损失率、含杂率和破碎率三指标分别为 2.09%、0.65% 和 0.45%,三指标均在国家标准规定范围之内。

(2)二次旋转正交组合试验,得出了对性能指标影响因素的主次顺序为滚筒转速、夹持输送链线速度和回转凹板线速度。最佳参数组合为:脱粒滚筒转速 550 r/min,回转凹板线速度 1 m/s,夹持输送链线速度为 1.2 m/s,对应的损失率、含杂率和破碎率三指标分别为 2.29%、0.15%、0.45%,三指标均在国家标准规定范围之内。

(3)二者比较结果,分析三因素对 3 个工作性能指标的影响:$L_9(3^4)$正交试验是 A 因素(滚筒转速)对破碎率影响最大,B 因素(回转凹板线速度)对含杂率影响最大,C 因素(夹持输送链线速度)对损失率的影响最大,比较分散。二次旋转正交组合试验,得出了对性能指标影响因素的主次顺序为滚筒转速、夹持输送链线速度和回转凹板线速度,比较集中。按二次旋转正交进行试验更为科学。

图 9-44 为台架试验现扬。

图 9-44　台架试验现扬

第10章 新型工作装置传动设计

10.1 联合收割机传动系统设计一般原则

(1)行走离合器和工作离合器独立设置,两者不能互相影响,以使机器在转移地块时工作部件停止工作。

(2)收割台和工作离合器在发动机前后两侧,至割台传动轴位置远、传动比大,应设中间传动装置。

(3)转速需经常调整的工作部件与转速不变的工作部件不能组合在同一回路中。

(4)传动顺序:从功耗大的工作部件到功耗小的工作部件;从转速高的工作部件到转速低的工作部件。

(5)作业中易产生堵塞的工作部件不宜设为主动轴,而应设在回路末端。

(6)在易产生故障的轴上应设置安全离合器,以防工作部件损坏。

(7)传动元件尽可能应用 V 形带。水稻茎秆和籽粒含水率高易引起堵塞,一般用滚子链驱动脱粒滚筒。

(8)行走离合器多采用与变速箱配套的液压无级变速离合器 HST,工作离合器采用摩擦片式和张紧轮式。

(9)其他要求

①工作部件的传动轴均平行配置,传动轮位于机器两侧以便维护保养。

②同一回路,三角带传动轮槽中心平面位置度为中心距的 0.3%~0.5%;链传动不大于 0.2%。

③每一传动回路中都配有张紧装置。

④各工作部件的轴较长,一般用冷拉圆钢,负荷较轻的如籽粒搅龙等用空心管焊实心轴头。

⑤各工作部件的轴径尺寸按类比法确定。

⑥负荷较大的回转轴用深沟球轴承,负荷较小且难以保证平行度的用调心球轴承。

⑦传动装置外侧都设有带警示牌的安全防护罩。

10.2 几种新型工作装置传动系统设计计算

1.全喂入同轴差速横置轴流式脱粒滚筒

如图 10-1 所示,同轴差速轴流式脱粒滚筒利用"轴套轴"原理将高速滚筒和低速滚筒连在一起,即将高速滚筒的轴(6 增速器体)通过滚动轴承(1、9)套在低速滚筒轴上。整个差速滚筒再通过滚动轴承(4、9)以及轴承座(5、16)安装在机架上。高速滚筒和低速滚筒分别由位于差速滚筒两侧的高速滚筒驱动链轮(2)和低速滚筒驱动链轮(19)驱动,其转速则根据杆齿式脱粒滚筒直径以及稻麦脱粒所需的最高线速度和最低线速度求出。高速滚筒转速 $n_2 = 950$ r/min,低速滚筒转速 $n_1 = 700$ r/min,两者实际比值 $k = 1.36$。

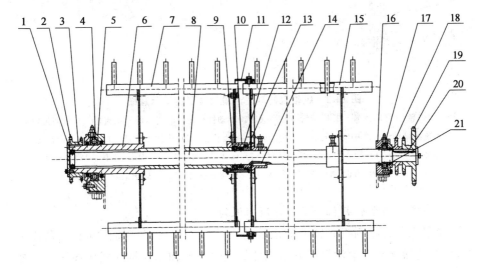

图 10-1 全喂入同轴差速轴流式脱粒滚筒结构图

1.滚动轴承 2.高速滚筒驱动链轮 3,14,20.平键 4.滚动轴承 5.轴承座 6.增速器体

7.高速滚筒齿杆 8.滚筒轴 9.滚动轴承 10.轴承盖 11.过渡圈 12.推力轴承

13.摩擦垫 15.低速滚筒齿杆 16.轴承座 17.滚动轴承 18.输送槽驱动链轮

19.低速滚筒驱动链轮 21.油封

2.全喂入同轴差速纵置轴流式脱粒滚筒

如图 10-2 所示,同轴差速脱粒滚筒由齿轮箱(10)的锥齿轮(4、5)和齿轮(6、8、11、12)驱动,其中高速滚筒由锥齿轮(4)Z18、(5)Z20 驱动(传动比 0.9);低速滚筒通过中间齿轮Ⅰ(6)Z19、中间齿轮Ⅱ(8)Z19 和中间齿轮Ⅲ(11)Z16,由齿轮(12)Z22 驱动(传动比 0.727)。高速滚筒转速 $n_2 = 749$ r/min,低速滚筒转速 $n_1 = 544$ r/min,高、低速脱粒滚筒转速之比 $k = 1.38$(输入皮带轮转速 832 r/min)。

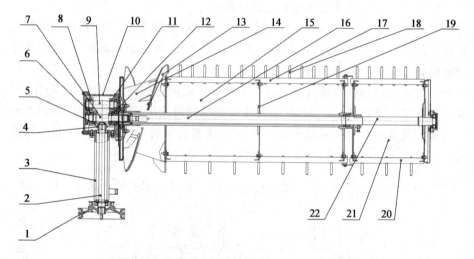

图 10-2 纵轴流同轴差速脱粒装置传动示意图

1.输入皮带轮 2.输入轴 3.连接管 4.高速滚筒驱动锥齿轮 5.高速滚筒锥齿轮 6.中间齿轮Ⅰ
7.高速滚筒轴头 8.中间齿轮Ⅱ 9.中间轴 10.齿轮箱 11.中间齿轮Ⅲ 12.低速滚筒齿轮
13.螺旋叶片 14.喂入头 15.低速滚筒 16.低速滚筒轴 17.低速滚筒齿杆 18.脱粒齿
19.墙板 20.高速滚筒齿杆 21.高速滚筒 22.高速滚筒轴

3.半喂入联合收割机同轴差速脱粒滚筒

半喂入联合收割机同轴差速滚筒的高速滚筒和低速滚筒由同侧三角皮带驱动,高速滚筒和低速滚筒的联结原理如全喂入同轴差速轴流式脱粒滚筒。如图 10-3 所示,高速滚筒皮带轮(9)和低速滚筒皮带轮(8)均由驱动轮(14)驱动,其转速则根据弓齿式脱粒滚筒直径以及稻麦脱粒所需的最高线速度和最低线速度求出。高速滚筒转速 $n_2 = 700$ r/min,低速滚筒转速 $n_1 = 510$ r/min,高、低速脱粒滚筒转速之比 $k = 1.37$。

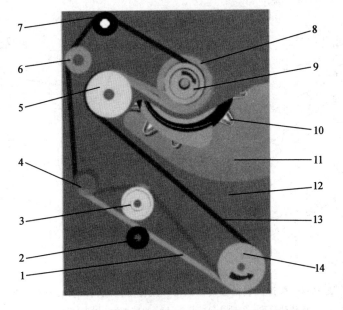

图 10-3 半喂入联合收割机同轴差速滚筒传动示意图

1.低速滚筒三角带 2.张紧轮Ⅴ 3.张紧轮Ⅳ 4.张紧轮Ⅲ 5.换向轮 6.张紧轮Ⅱ

7.张紧轮Ⅰ 8.低速滚筒皮带轮 9.高速滚筒皮带轮 10.脱粒滚筒

11.作物喂入口 12.墙板 13.高速滚筒三角带 14.驱动轮

4. 半喂入联合收割机回转栅格凹板

环形栅条筛片通过其上的 3 组 A12 型套筒滚子链与回转凹板主动轴和从动轴上各 3 只 A12 型链轮啮合,由与主动链轮(13)同轴的带轮(12)驱动作循环回转运动,皮带传动系统如图 10-4 所示。

回转栅格凹板驱动带轮半径 R_4 可由式 (10-1)求得:

$$R_4 = \frac{R_3\omega_3}{\omega_4} = \frac{R_3 n_3}{n_4} \tag{10-1}$$

式中:n_4——回转栅格凹板驱动带轮转速,r/min,$n_4 = n_2 = 208$;

n_3——脱粒滚筒皮带轮转速,r/min,$n_3 = 580$;

R_3——脱粒滚筒皮带轮半径,m,$R_3 = 0.045$。

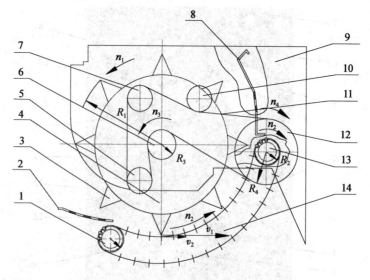

图 10-4　弧形回转式栅格凹板筛和脱粒滚筒结构及其传动示意图

1.回转式凹板从动链轮　2.喂入口多孔板　3.脱粒弓齿　4.脱粒滚筒　5.换向轮Ⅱ
6.脱粒滚筒皮带轮　7.换向轮Ⅰ　8.多孔板　9.墙板　10.张紧轮　11.V形传动带
12.回转凹板驱动带轮　13.回转凹板主动链轮　14.栅格式回转凹板

10.3　几种具有新型工作装置联合收割机传动参数

1. 4LZS-1.8 型全喂入联合收割机

具有双动刀切割器、横轴流差速脱粒滚筒、杂余复脱装置等新型工作机构，其传动系统如图 10-5 和图 10-6 所示，传动系统结构参数和工作参数如表 10-1 所示，表中"V 带或链轮型号"和"转速"两栏括号中的数据，为单速轴流滚筒结构的数据。

2. 4LBZ-150Z 型半喂入联合收割机

具有半喂入差速轴流式脱粒滚筒、原地转向行走变速箱等新型工作机构，其传动系统如图 10-7 和图 10-8 所示，传动系统结构参数和工作参数如表 10-2 和表 10-3 所示。

3. 4LBS-2.5Z 型纵轴流全喂入联合收割机

具有纵轴流差速脱粒滚筒、原地转向行走变速箱等新型工作机构，其传动系统如图 10-9 和图 10-10 所示，传动系统结构参数和工作参数如表 10-4 所示。

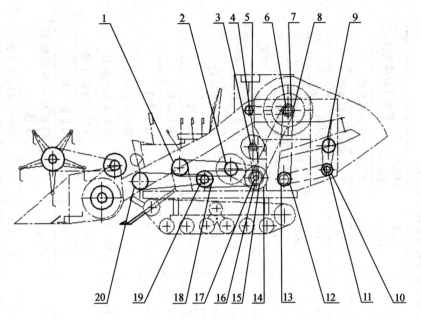

图 10-5　4LZS-1.8 型全喂入联合收割机(横轴流)传动系统示意图(右侧)

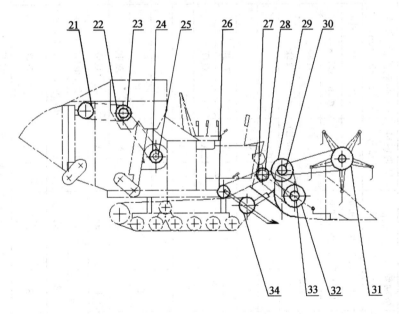

图 10-6　4LZS-1.8 型全喂入联合收割机(横轴流)传动系统示意图(左侧)

表 10-1　4LZS-1.8 型横轴流全喂入联合收割机传动轮结构参数和工作参数

主动轮序号	被动轮序号	传动比	V带或链轮型号	V带轮外径/节径 Φ_a/Φ_d(mm)	链轮轮齿数 Z	转速/(r/min)	线速度/(m/s)	安装部位或用途
1	34	25.98~19.48	B	Φ220/Φ213(3 槽)		1 948.5	21.0	行走离合器
2	1;14	1.36;2.03	B	Φ165/Φ158(7 槽)		2 650	21.0	发动机输出
3			10A/(08B)	双联	14	1 570.5	5.82	风机
4			10A/(08B)	双联	17	1 305.5	5.87	风机
5			10A		22	671.3	3.97	输送槽
6	5	1.12	10A		20/(18)	750/(816)	3.97	给输送槽
7	12	1.25	10A	双联	20/(18)	625/(816)		给水平粒籽搅龙
8			12A	双联	26/(24)	625/(816)		脱粒滚筒链轮
9			10A		26	309.0	2.13	振动筛
10			10A		18	617.9	2.95	杂余搅龙
11	9	2.0	10A		13	617.9	2.13	给振动筛
12			10A	双联	25	587.0	3.87	籽粒水平搅龙
13	10	0.95	10A	双联	19	587.0	2.95	给杂余水平搅龙
14			B	Φ325/Φ318(4 槽)		1 305.5	21.0	工作离合器（I 轴）
15	18	1.85	C	Φ150/Φ140.4(单槽)		1 305.5	9.59	给 II 轴（I 轴）
16	8	1.74	12A	双联	15	1 305.5	6.22	脱粒滚筒主动链轮（I 轴）
17	3;4	0.83;1.0	10A/(08B)	双联	17	1 305.5	5.87	风机主动链轮（I 轴）

主动轮序号	被动轮序号	传动比	V 带或链轮型号	V 带轮外径/节径 Φ_a/Φ_d (mm)	链轮齿数 Z	转速 /(r/min)	线速度 /(m/s)	安装部位或用途
18			C	$\Phi260/\Phi250.4$（单槽）		731.99	9.59	接 15 号（Ⅱ轴）
19	20	1.54	C	$\Phi175/\Phi165.4$（单槽）		731.99	6.34	和 18 号同轴（Ⅱ轴）
20			C	$\Phi260/\Phi250.4$（单槽）		473.0	6.34	割刀传动轴
21			08B		29	900		复脱
22	21	1.0	08B		29	900		给复脱
23			10A	新增	25	900/(816)		高速滚筒链轮
24	23	1.25	10A	双联	20	1 305.5	6.9	高速滚筒主动链轮
25	23	1.51	10A	双联	17	1 579.5	7.1	高速滚筒主动链轮
26			08B		30	551	3.5	二次切割
27	32	1.93	C	$\Phi150/\Phi140.4$（单槽）		473.0	3.48	给割台搅龙等（带连杆）
28	26	0.86	08B		35	473.0	3.5	给二切与 27 号同轴
29			B	双联 $\Phi285/\Phi278$（单槽）		89.0	1.31	拨禾轮中间轴
30	31	2.96	B	双联 $\Phi100/\Phi93$（单槽）		89.0	0.43	拨禾轮中间轴
31			B	$\Phi285/\Phi278$（单槽）		30	0.43	拨禾轮轴
32			C	双联 $\Phi280/\Phi270.4$（单槽）		245.60	3.48	割台搅龙等
33	29	2.75	B	双联 $\Phi110/\Phi103$（单槽）		245.60	1.31	去拨禾轮中间轴
34					7	75~100	0.9~1.2	履带驱动链轮

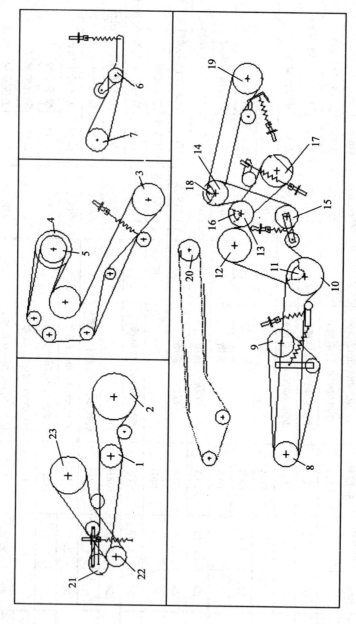

图 10-7　4LBZ-150Z 半喂入联合收割机脱分选装置传动系统示意图

表 10-2　4LBZ-150Z 半喂入联合收割机脱分选装置传动系统结构参数和工作参数

序号	皮带轮名称	型号	槽数	外径 Φ/mm	转数 n/(r/min)	传动比 i	皮带规格/数量	备注
1	发动机带轮	B	2	$\Phi_1 135$	$n_1 2\ 700$			
2	脱分选动力轮	B	2	$\Phi_2 270$	$n_2 1\ 350$	$i_{1\sim 2}\ 0.5$	LC48.5/2	
3	脱粒驱动轮	C	3	$\Phi_3 190$	$n_3 593$			
4	低速滚筒轮	C	2	$\Phi_4 220$	$n_4 510$	$i_{3\sim 4}\ 0.86$	LC145/2	
5	高速滚筒轮	C	1	$\Phi_5 160$	$n_5 700$	$i_{3\sim 5}\ 1.18$	LC145/1	
6	排草链动力轮	B	1	$\Phi_6 85$	$n_6 700$			
7	排草链驱动轮	B	1	$\Phi_7 135$	$n_7 440$	$i_{6\sim 7} 0.63$	B/1	（链条 $n_7=300$）
8	清选装置轮	B/C	2	各 $\Phi_8 150$	$n_8 1\ 350$			B 型用于驱动风扇
9	风扇带轮	B(可调)	1	$\Phi_9 150\sim 180$	$n_9 1\ 120\sim 1\ 350$	$i_{8\sim 9}\ 0.38\sim 1$	B58/1	
10	籽粒搅龙带轮	C	1	$\Phi_{10} 220$	$n_{10} 920$	$i_{8\sim 10}\ 0.68$	SC97/1	
11	四轮驱动轮	C	1	$\Phi_{11} 150$	$n_{11} 920$			C 型皮带
12	扩散筒带轮	C	1	$\Phi_{12} 200$	$n_{12} 690$	$i_{11\sim 12}\ 0.75$	LC110/1	同一皮带
13	过渡轮	C	1	$\Phi_{13} 150$	$n_{13} 920$	$i_{11\sim 13}\ 1.0$	LC110/1	同一皮带
14	排尘风扇轮	C	1	$\Phi_{14} 150$	$n_{14} 920$	$i_{11\sim 14}\ 1.0$	LC110/1	同一皮带

续表 10-2

序号	皮带轮名称	型号	槽数	外径 Φ/mm	转数 n/(r/min)	传动比 i	皮带规格/数量	备注
15	杂余搅龙带轮	C	1	Φ_{15} 135	n_{15} 1 022	$i_{11\sim15}$ 1.11	LC110/1	同一皮带
16	振动筛驱动轮	B	1	Φ_{16} 90	n_{16} 920	同带轮 13		
17	振动筛带轮	B	1	Φ_{17} 190	n_{17} 435	$i_{16\sim17}$ 0.47	B/1	
18	切草器动力轮	B	1	Φ_{18} 140	n_{18} 920	同带轮 14		
19	切草器带轮	B	1	Φ_{19} 180	n_{19} 717	$i_{18\sim19}$ 0.78	LB56/1	
20	喂入链驱动链轮		1	R63(Z12)	n_{20} 118			喂入链线速度 v =0.78 m/s
21	HST 输入带轮	B	2	Φ_{21} 120	n_{21} 3 037	$i_{1\sim21}$ 1.125	LB53/2	
22	收割部力轮			Φ_{22} 120	n_{22} 2 035	$i=0.67$		(HST 的 Z16 传动收割部动力轮 Z24,$i=0.67$)
23	收割部驱动轮	C	1	Φ_{23} 220	n_{23} 1 110	$i_{22\sim23}$ 0.55	LC45/1	

合计：动力轮 22（含链轮 1），三角带 13（其中 C 型 8，B 型 5）

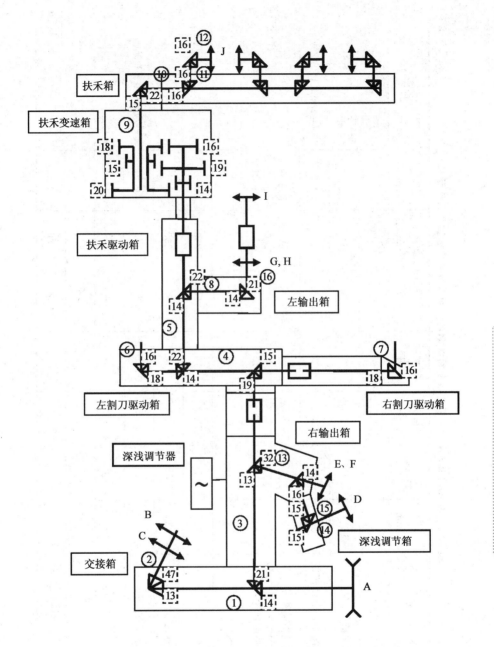

扶禾箱

扶禾变速箱

扶禾驱动箱

左输出箱

左割刀驱动箱

右割刀驱动箱

右输出箱

深浅调节器

深浅调节箱

交接箱

虚线方框为齿数，实线圆框为轴号。

图 10-8　4LBZ-150Z 半喂入联合收割机收割台传动系统

表10-3　4LBZ-150Z半喂入联合收割机收割台传动系统结构参数和工作参数

序号	名称	节距 t/mm	齿数 Z	节径 d/mm	驱动轴号	累计传动比 i	转速 n /(r/min)	线速 v /(m/s)	备注
A	输入带轮	C		210	1	1	1 100		
B	茎端链轮（右）	12.7	15	63.5	2	0.28	310	0.98	$d=t/\sin(180/Z)$
C	茎端中部驱动链轮	33	7	76.2	2	0.28	310	1.19	
D	深浅根端链轮	33	8	86.8	14	0.24	264	1.16	
E	右根端链轮	33	6	66	13	0.28	310	1.01	
F	右链轮	33	18	190	13	0.28	310		
G	左根端链轮	33	7	76.2	16	0.23	253	0.97	
H	左链轮	33	18	190	16	0.23	253		
I	茎端链轮（左）	12.7	18	73.1	16	0.23	253	0.97	$v=Ztn/(60\times1\,000)$
J	扶禾链轮（4组）	12.7	14	57.8	12	0.33	363	1.07	
						0.46	506	1.5	
						0.26	286	0.85	

序号	名称	节距 t/mm	齿数 Z	节径 d/mm	驱动轴号	累计传动比 i	转速 n /(r/min)	线速 v /(m/s)	备注
				切割器及其他各轴转速					
1	左右切割器	V形			6,7	0.95	1 045	1.74	
2	3轴					0.67	737		
3	4轴					0.84	924		
4	5轴					0.54	594		
5	8轴					0.34	373		
6	9轴					0.48	528		
						0.68	748		
7	10轴、11轴					0.38	418		$v=\pi rn/30$
						0.33	363		
						0.46	506		
8	15轴					0.26	286		
						0.24	264		

茎端链 2(t12.7)、根端链 3(t33)、茎端中部链 1(t33)、扶禾链 4(t12.7)

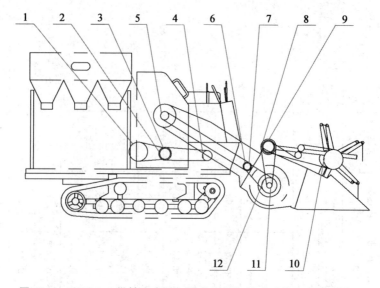

图 10-9　4LBS-2.5 纵轴流全喂入联合收割机传动系统示意图(右侧)

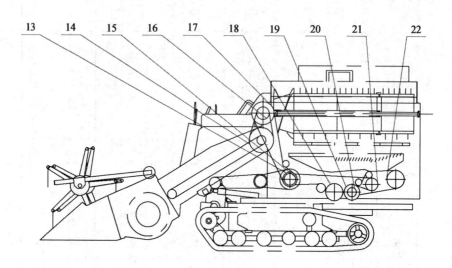

图 10-10　4LBS-2.5 纵轴流全喂入联合收割机传动系统示意图(左侧)

表 10-4　4LZS-2.5 型纵轴流全联合收割机传动轮结构参数和工作参数

序号	主动轮序号	传动比 i	V形带或链轮型号	V形带轮计算外径 Φ/mm	链轮齿数 Z	转速 n /(r/min)	线速度 v /(m/s)	安装部位或用途
1	3	0.53	B(3 槽)	$\Phi247$		1 336		风机输入皮带轮
2			B(3 槽)	$\Phi160$		2 500		发动机皮带轮(输入 HST)
3			B(3 槽)	$\Phi132$		2 500		发动机皮带轮(输入风机)
4	2	1.21 (变速箱传动比:低挡 32,中挡 24,高挡 15)	B(3 槽)	$\Phi132$		3 030(HST 输出转速 3 000)		HST 输入皮带轮(履带驱动轮转速/(r/min):低挡 95,中挡 123,高挡 197)*
5			10A		20	410		输送槽输出链轮
6	5	1.0	10A		20	410		割台动力输入轴链轮(输送槽侧)
7			10A		16	410		割台动力输入轴链轮(驱动割台搅龙)
8	11	3.0	08A		48	58		中间轴输入链轮
9			B	$\Phi160/\Phi135$		58		中间轴输出皮带轮
10	9	1.60	B	$\Phi250$		36/31		拨禾轮皮带轮(拨禾轮外径 900 mm)
11			08A		16	173		割台搅龙输出链轮
12	7	2.37	10A		38	173		割台搅龙输入链轮
13			C(2 槽)	$\Phi165$		1 336		风机轴输出脱粒滚筒驱动箱皮带轮

续表 10-4

序号	主动轮序号	传动比 i	V 形带或链轮型号	V 形带带轮计算外径 Φ/mm	链轮齿数 Z	转速 n /(r/min)	线速度 v /(m/s)	安装部位或用途
14	16	2.02	C	Φ290		410		输送槽入皮带轮
15			C	Φ125		1 336		风机输出籽粒水平搅龙小皮轮
16			C	Φ143		832		脱粒滚筒驱动箱输出皮带轮
17	13	1.60	C(2 槽)	Φ265		832 (差速筒 546/786)	(差速滚筒 18/26)	脱粒滚筒驱动箱输入皮带轮（差速滚筒直径 620 mm）
18	15	1.60	C	Φ200		835		籽粒水平搅龙皮带轮（垂直搅龙 n 835）
19	15	1.49	平轮	Φ186		948		过渡轮
20			B	Φ85		948		过渡轮输出皮带轮
21	15	1.15	C	Φ144		1 160		杂余水平搅龙＋复脱器
22	20	2.41	B	Φ205		391		振动筛皮带轮

* 机器前进速度（m/s）：低挡 1，中挡 1.2，高挡 2。

参 考 文 献

[1] 北京农业工程大学. 农业机械学(下册)[M]. 2 版. 北京:中国农业出版社, 1991.

[2] 胡中. 世界农业机械发展大事年表[M]. 中国农业机械学会,1993.

[3] 白梦蕾. 蒸汽机史话. 世界博览,1999,7:26-27.

[4] 北京农业机械化学院. 农业机械的原理设计与计算[M]. 北京:出版社不详, 1959:104-121.

[5] 王金双,熊永森,徐中伟,等. 纵轴流联合收获机关键部件改进设计与试验 [J]. 农业工程学报,2017(10):25-31.

[6] 第一机械工业部机械研究院农业机械研究所. 农机情报资料(专辑),1972, 11:112-113.

[7] 中国农业年鉴编辑委员会. 中国农业年鉴[M]. 北京:中国农业出版社, 2005.

[8] 赵湛,李耀明,徐立章,等. 超级稻单茎秆切割力学性能试验[J]. 农业机械学 报,2010,41(10):72-75.

[9] 刘庆庭,区颖刚,卿上乐,等. 农作物茎秆的力学特性研究进展[J]. 农业机械 学报,2007,38(7):172-176.

[10] 陈霓,王志明,倪昀,等. 水稻籽粒连结力与脱粒滚筒线速度关系的探讨 [C]//CIGR18 次世界大会论文. 2014,9.

[11] 李翰如译. 农业机械学(中册)[M]. 北京:机械工业出版社,1959.

[12] 肖林桦. 水稻籽粒和粒柄抗拉强度的研究. 农业机械学报,1984,15(2): 11-18.

[13] 川村恒夫,庄司浩一,德田胜,等. 水稻の脱粒力の测定[J]. 农业机械学会 誌,2002,64(5):116-122.

[14] 李耀明,等. 谷物联合收割机的设计与分析[M]. 北京:机械工业出版社, 2014.

[15] 张有川. 籽粒连结力与联合收割机关系的探讨[J]. 农机情报资料,1983,6: 1-6.

[16] 陈德俊,龚永坚,黄东明,等. 履带式全喂入稻麦联合收获机工作装置设计

[J].农业机械学报,2007,38(8):82-85.

[17] 李宝筏.农业机械学[M].北京:中国农业出版社,2003:391.

[18] 王成芝,葛永久.轴流滚筒试验研究[J].农业机械学报,1982,13(1):55-72.

[19] 吴叙田.轴流滚筒脱粒分离过程的理论分析与研究[D].北京:中国农业机械化科学研究院,1981.

[20] 张蓝水.瞩望世界第三种稻谷联合收割机[C]∥第14届全国联合收获机技术发展及市场动态研讨会论文集,2007:21-28.

[21] 余友泰,程万里.农业机械的构造、原理及计算(下册)[M].北京:高等教育出版社,1959.

[22] ОЖЕРЕЛЬЕВ В Н,НИКИТИН В В.Стратегий совершенствований конструкций Зерноуборчиного комбайна[J].Тракторы и сельхозмашины,2016(8):39-43.

[23] 杉山隆夫.V 水稻收获作业の新技术.农业机械学会誌,1997,59(4):140-145.

[24] 市川友彦,杉山隆夫.汎用コンバインの開発研究 第1報 [J].農業機械學會誌,1996,58(3):77-86.

[25] 瑞雪.国外谷物联合收割机的发展趋势[J].当代农机,2010,07.

[26] 中国农业机械化科学研究院.农业机械设计手册(下册)[M].北京:中国农业科学技术出版社,2007.

[27] СПРАВОЧНИК КОНСРУКОРА СЕЛЬСКОХОЗЯЙ-СТВЕННЫХ МАШИН,ТОМ (2)[M].МОСКВА:ГСУДАРАСТВЕННОЕ НАУЧНОТЕХНИЧЕСКОЕ ИЗДАТЕЛЬСТВО,1961.

[28] 日本农业机械学会.农业机械手册[M].北京:机械工业出版社,1991:683-684.

[29] 陈霓,龚永坚,陈德俊,等.全喂入联合收获机双动刀切割器及其驱动机构研究[J].农业机械学报,2008,39(9):60-63.

[30] 井上英二,丸谷一郎,光冈宗司,等.コンバイン刈刃驱动部の力学モデルとその検证.农业机械学会誌,2004,66(2):61-67.

[31] 朱聪玲,程志胜,王洪源,等.联合收获机割台振动问题研究[J].农业机械学报,2004,35(4):59-61.

[32] 夏萍,印崧,陈黎卿,等.收获机械往复式切割器切割图的数值模拟与仿真[J].农业机械学报,2007,38(3):65-68.

[33] 王岳.联合收割机的二次切割分向输送部件研究[J].农业机械学报,1995,26(4):84-89.

[34] 陈霓,熊永森,陈德俊,等.联合收获机同轴差速轴流脱粒滚筒设计和试验[J].农业机械学报,2010,41(10):67-71.

[35] 镇江农业机械学院.农业机械学[M].北京:中国农业机械出版社,1981:99-103.

[36] 王岩,等.数理统计与MATLAB工程项目数据分析[M].北京:清华大学出版社,2006.

[37] 张兰星,何月娥.谷物收割机机械理论与计算[M].长春:吉林人民出版社,1980:109-110.

[38] 万金宝,赵学笃,纪春千,等.传统脱粒装置的数学模型及应用[J].农业机械学报,1990,21(2):21-28.

[39] 许大兴,杨健明.卧式轴流脱粒分离装置研究[J].农业机械学报,1984,15(3):57-66.

[40] 陈霓,黄东明,陈德俊,等.风筛式清选装置非均布气流清选原理与试验[J].农业机械学报,2009,40(4):73-77.

[41] 董国华,杨益.筛面气流的分布状态对清选谷粒混合物的影响[J].农业机械学报,1982,13(3):16-28.

[42] [日]松林正实,井山英二,森健,等.用有限体积によるコンバイン脱穀部選別風速の数値流体解析[J].农业机械学会誌,2005,65(1):53-60.

[43] 李耀明,唐忠,李洪昌,等.风筛式清选装置筛面气流场试验[J].农业机械学报,2009,40(12):80-83.

[44] 李革,赵匀,俞高仁,等.倾斜气流清选装置中物料的动力学特性、轨迹和分离研究[J].农业工程报,2001,17(6):22-25.

[45] 李耀明,林恒善,陈进,等.基于神经网络的风筛式清选气流场研究[J].农业机械学报,2006,37(7):197-198.

[46] 吴守一.农业机械学(下册)[M].2版.北京:机械工业出版社,1992.

[47] 钟挺,胡志超,顾峰玮,等.4LZ-1.0Q型稻麦联合收获机脱粒清选部件试验与优化[J].农业机械学报,2012,43(10):76-81.

[48] 成芳,杨健明,蔺公振,等.小型联合收割机风筛式清选装置试验研究[J].农业机械学报,1996,27(4):60-63.

[49] 傅美贞,龚永坚,陈德俊,等.全喂入稻麦联合收获机复脱系统研究设计[J].农业机械学报,2011,42(z1):57-61.

参考文献

[50] 李耀明,徐立章,邓玲黎,等.复脱分离装置的理论分析及试验[J].农业机械学报,2005,36(11):55-58.

[51] 洪玫育,林良明.连续运输机[M].北京:机械工业出版社,1982:231-234.

[52] 赵华海,周学成,陈德义,等.摘脱收获复脱分离装置的试验研究[J].农业工程学报,1995,11(4):73-78.

[53] Peterl Miu. Mathematical model of threshing process in an axial unit with tangential feeding[C]. Transactions of CSAE,2002:02-219.

[54] 熊永森,陈德俊,王金双,等.小型全喂入双滚筒轴流联合收获机设计与试验[J].农业机械学报,2011,42(z1):35-38.

[55] 镇江农业机械学院,吉林工业大学.农业机械理论及设计(中)[M].北京:中国工业出版社,1961.

[56] 徐立章,李耀明,马朝兴,等.横轴流双滚筒脱粒分离装置设计与试验[J].农业机械学报,2009,40(11):55-58.

[57] 李耀明,许太白,徐立章,等.多滚筒脱粒分离装置试验台[J].农业机械学报,2013,44(4):95-98.

[58] 陈德俊.浮动切割器仿形系统的研究[J].农业机械化学报,1990,4(2):19-23.

[59] САКОВЦЕВ В. НИЗКИЙ СРЕЗ УМЕНЬШАЕТ ПОТЕРИ [J]. ТЕХНИКА В СЕЛЬСКОМ ХОЗЯЙСТВЕ,1964,9:10-14.

[60] CHARIES FLOYD. What will you do when they blame the new combine For field losses[J]. IMPLEMENT & TRACTOR,1971,7:16-19.

[61] 顾洪译.美国关于大豆收割台的试验[J].农业工程师学会志,1977,20(6).

[62] 赵胜雪,张铁成,赵方臣,等.减少大豆收获损失的对策与措施[J].农机化研究,1995(3).

[63] 佳木斯联合收割机厂.200系列挠性割台操作手册.1987.

[64] 中国水稻研究所,台州柳林联合收割机有限公司.撩穗式稻麦联合收割机研制(鉴定技术文件)[G].2000,1.

[65] 薛刚.梳脱式联合收割机工作性能影响因素研究[D].东南大学,2007:1-2.

[66] 袁建宁,李显旺,张晓文,等.梳脱式收获机设计理论的研究[J].农业机械学报,1998,29(2):37-43.

[67] 李耀明,陈树人.摘穗联合收割机割台损失影响因素试验研究[J].农业机械学报,1998,29(4):51-54.

[68] Klinner W E,Neale M A,Arnold,et al. A New Concept in Combine Har-

水稻联合收割机新型工作装置设计与试验

veste Headers[J]. Agric. Engng. Res,1987,38:37-45.

[69] 介战,刘红俊,侯凤云,等.中国精准农业联合收割机研究状与前景展望[J].农业工程学报,2005,21(02):179-182.

[70] 衣淑娟,陶佳香,毛欣,等.两种轴流脱粒分离装置脱出物分布规律对比试验研究[J].农业工程学报,2008,24(6):154-156.

[71] 李渤海.螺旋叶片式轴流脱粒与分离装置的试验研究[D].大庆:黑龙江八一农垦大学,2005.

[72] 许大兴.纵向轴流滚筒的初步分析[J].洛阳农机学院学报,1980(1):115-131.

[73] 王金双,熊永森,徐中伟,等.一种收获机的收割台:中国,ZL201310113300.6[P].2015-10-7.

[74] 周汉林,李君略,刘华,等.GL2045纵向轴流式全喂入联合收割机的研制[J].现代农业装备,2007:47-50.

[75] 高桥弘行,市川友彦,杉山隆夫.スクリュ形脱殼机构の脱殼作用に(第1报)[J].農業機械學會誌,1999,65(5):117-124.

[76] 卢里耶·ΑΒ,格罗姆勃切夫斯基·ΑΑ.农业机械的设计和计算[M].袁佳平译.北京:中国农业机械出版社,1983.

[77] 陈德俊,陈霓,姜喆雄.国外水稻联合收割机新技术及相关理论研究[M].镇江:江苏大学出版社,2015.

[78] Ryuichi Minami.クボタにぉける收获机の开发动向について说明[R]//收获机械技术与装备国际高层论坛.中国镇江市,2011,12.

[79] 佐村木仁.水稻收获作业の新技术,Ⅴ コンバィン[J].农业机械学会誌,2010,72(5):24-28.

[80] 加藤补治,幸宣夫,平冈实,等.收割机:中国,ZL03148095.0[P].2016-11-8.

[81] 熊永森,胡华东,陈德俊,等.联合收割机用零半径转向行走变速箱:中国,ZL201010574927.8[P].2012-12-19.

[82] 徐立章.水稻脱粒分离理论与关键技术研究及其应用[M].镇江:江苏大学出版社,2014.

[83] 陈霓,余红娟,陈德俊,等.半喂入联合收获机同轴差速轴流脱粒滚筒设计和试验[J].农业机械学报,2011,42(z1):39-42.

[84] 江崎春雄.割捆机和联合收割机[M].姜喆雄译.北京:机械工业出版社,1980.

[85] 金承烈,陈南云,李显旺,等.论半喂入联合收割机可靠性问题[C]//水稻

参考文献

生产机械化技术交流会论文集.2006.10.

[86] 中国农机学会基础技术专业委员会.当代农机实用新技术[M].北京:农业出版社,1987:917-922.

[87] 福田祯彦.V コンバイン[J].农业机械学会志,2009,71(1):22-25.

[88] 江崎春雄,等.半喂入联合收割机性能研究[M].曹崇文,王渊喆,译.北京:中国农业机械出版社,1981.

[89] 丁怀东.轴流滚筒分离凹板的孔格理论设计探讨[J].农业机械学报,1987,18(2):80-8490.

[90] 刘正怀,陈德俊,杨绍荣,等.具有回转凹板筛的半喂入联合收割机脱粒分离装置:中国,ZL 2015 1 0226054[P].2015-9-16.

[91] 曹崇文.谷物联合收割机凹板的分离性能[J].农机情报资料,1975,10:29-38.

[92] 易立单.联合收割机堵塞故障监测系统研究[D].镇江:江苏大学,2010.

[93] 杨方飞,阎楚良,杨炳南,等.联合收获机纵向轴流脱粒谷物运动仿真与试验[J].农业机械学报,2010,41(12):67-71.

[94] 赵匀著.农业机械分析与综合[M].北京:机械工业出版社,2008.

[95] (日)木村敦.水稻收获作业の新技术,V.コンバィン[J].農業食料工学会誌,2016,78(6):472-477.

[96] 张认成,桑正中.轴流脱粒空间谷物运动仿真研究[J].农业机械学报,2000,31(1):55-57,85.

[97] Антмцми В. Г, О перемещений обмолачивасмой культуры по подбалабанью. Mex. и элек. с. с. х. 1979(8).

[98] Miu P I,Heinz-Dieter Kutzbach. Modeling and simulation of grain threshing and separation in threshing units-Part I [J]. Computers and Electronics in Agriculture,2008,60(1):96-104.

[99] 衣淑娟,陶桂香,毛欣,等.组合式轴流脱分装置动力学仿真[J].农业工程学报,2009,25(7):94-97.

[100] 宁小波,陈进,李耀明,等.联合收获机脱粒系统动力学模型及调速控制仿真与试验[J].农业工程学报,2015,21(21):25-34.

[101] 李耀明,唐忠,徐立章,等.纵轴流脱粒分离装置功耗分析与试验[J].农业机械学报,2011,42(6):93-97.

[102] 介战,陈家新,刘红俊,等.GPS 联合收获机随机喂入量模糊控制技术[J].农业机械学报,2006,37(1):55-58.

水稻联合收割机新型工作装置设计与试验

[103] 倪军,毛罕平,程秀花,等.脱粒滚筒自调整模糊控制及 VLSI 实现技术[J].农业工程学报,2010,26(4):134-138.

[104] 刘正怀,郑一平,王志明,等.微型稻麦联合收割机气流式清选装置研究[J].农业机械学报,2015,46(7):102-108.

[105] 白人朴.关于推进丘陵山区农业机械化的一些思考[C]//丘陵山区农业机械化发展论坛论文集.2009.

[106] 刘师多,张利娟,师清翔,等.微型小麦联合收获机旋风分离清选系统研究[J].农业机械学报,2006,37(6):45-48.

[107] 汤楚宙.水稻联合收割机原理与设计[M].长沙:湖南科学技术出版社,2002.

[108] 倪长安,张利娟,刘师多,等.无导向片旋风分离清选系统的试验分析[J].农业工程学报,2008(08):30.

[109] 彭维明.切向旋风分离器内部流场的数值模拟及试验研究[J].农业机械学报,2001,32(4):20-24.

[110] 唐倩雯,尹健.谷物气流清选系统的仿真研究[J].湖北农业科学,2012,51(9):1890-1894.

[111] 李楚琳.Hyperworks 分析应用实例[M].北京:机械工业出版社,2008:9,87-123.

[112] 美国蓝脊数码有限公司.CFDesign 帮助实例文档,658-669.

[113] 粟常红,陈庆民.一种荷叶效应涂层的制备[J].无机化学学报,2008,2(24):209-307.

[114] 陈霓,王志明,熊永森,等.联合收获机原地转向变速器设计[J].农业机械学报,2013,44(6):84-87,99.

[115] 机械电子工业部洛阳拖拉机研究所.拖拉机设计手册(上册)[M].北京:机械工业出版社,1994:283-290.

[116] 曹付义,周志立,贾鸿社.履带拖拉机液压机械双功率流差速转向机构设计[J].农业机械学报,2006,37(9):5-8.

[117] 迟媛,蒋恩臣.履带车辆差速转向技术与理论[M].北京:化学工业出版社,2013.

[118] 迟媛,蒋恩承.履带车辆差速式转向机构性能试验[J].农业机械学报,2008,39(7):14-17.

[119] 日高茂实.强制デフ式操舵システムの開発(第 1 報)[J].農業機械学会志,2002,64(2):111-116.

[120] 李耀明,陈劲松,等.履带式联合收获机差逆转向机构设计与试验[J].农业机械学报,2016,47(7):127-134.

[121] 罗恩志.履带联合收机原地转向性能的试验研究与功率分析[D].东北农业大学,2013:1-6.

[122] 姚世琼.水稻联合收获机转向机构的探讨[J].农业机械学报,1989,20(4):91-94.

[123] 黄海东,吕俊伟,程悦苏,等.履带板转向运动轨迹分析[J].农业机械学报,1999,30(1):23-27.

[124] 镇江农业机械学院,洛阳农业机械学院.拖拉机理论[M].北京:中国农业机械出版社,1981:123-141.

[125] 白捷.履带式车辆の旋回性の评价につづいて超信地旋回と信地旋回[J].农业机械学会志,1995,57(1):1-8.

[126] 冯江,蒋亦元.水稻联合收获机单边驱动原地转向机构的机理与性能试验[J].农业工程学报,2013,29(4):30-35;1994,56(6):11-16.

[127] Desria,Nobutaka ITO. Theoretical Model for the Estimation of Turning Motion Resistance for Tracked Vehicle[J]. Journal of the Japanese Society of Agricultural Machinery. 1999,61(6):169-178.

[128] 陈霓,刘正怀,夏劲松,等.基于 Petri 网模型的收获机轴流式脱分选装置参数化设计[J].农业机械学报,2017,48(11):123-129.

[129] 陈度,王书茂,康峰,等.联合收割机喂入量与收获过程损失模型[J].农业工程学报,2011,27(9):18-21.

[130] 陈田,殷国富,崔新维,等.联合收获机脱粒滚筒参数化 CAD 方法的研究[J].机械工程学报,2001,37(1):104-108.

[131] 殷国富,陈永华.计算机辅助设计技术与应用[M].北京:科学出版社,2000.

[132] [苏]Осипов Н М.谷物联合收割机脱粒-分离机构工况的合理化[J].拖拉机与农业机械,1979(4).

[133] 梁学修,陈志,张小超,等.联合收割机喂入量在线监测系统设计与试验[J].农业机械学报,2013,44(Supp2):1-6.

[134] MIOSZ T. Quality of combine-harvester performance as affected by construction of selected threshing-separating assemblies[J]. Problemy Inzynierii Rolniczej,1994,2(4):23-34.

[135] 唐忠,李耀明,徐立章,等.切纵流联合收获机小麦喂入量预测的试验研究

[J].农业工程学报,2012,28(5):26-31.

[136] Miu P I,Heinz-Dieter Kutzbach. Mathematical model of material kinematics in an axial threshing unit[J]. Computers and Electronics in Agriculture,2007,58(2):93-99.

[137] 倪军,毛罕平,程秀花,等.脱粒滚筒自调整模糊控制及 VLSI 实现技术[J].农业工程学报,2010,26(4):134-138.

[138] 李耀明,陈洋,徐立章,等.斜置切纵流联合收获机脱粒分离装置结构参数优化[J].农业机械学报,2016,47(9):56-61.

[139] 陈进,李耀明,宁小波,等.联合收获机前进速度的模型参考模糊自适应控制系统[J].农业机械学报,2014,45(10):86-91.

[140] 潘静,邵陆寿,王轲,等.稻联合收割机喂入密度检测方法[J].农业工程学报,2010,26(8):113-116.

[141] 闫敏,桑正中,王新忠,等.联合收获机脱粒装置三维参数化系统设计[J].农业机械学报,2001,32(2):42-44.

[142] 徐静,许燕,尹健,等.联合收割机脱粒装置的模块化设计及参数化建模[J].贵州科学,2013,31(4):33-36.

[143] 金承烈,刘广海.半喂入联合收割机的脱粒、清选机构试验分析[J].农业机械学报,1980,11(2):87-98.

[144] 刘正怀,戴素江,李明强,等.半喂入联合收获机回转式栅格凹板脱分装置试验研究[J].农业机械学报,2018,49(5):169-178.

[145] [日]李昇揆,川村登.軸流スレッシャに関する研究(第2報)[J].農業機械學會誌,1986,48(1):33-41.

[146] 孙江宏,徐小力,阎楚良,等.纵向轴流式联合收割机参数化设计分析[C]//中国农业机械学会 2006 年学术年会论文集.2006,843-845.

[147] 阎楚良.农业机械数字化设计新技术[M].北京:中国农业科学技术出版社,2003.

[148] 周丰旭,李耀明,徐立章,等.基于 UG 的风筛式清选装置参数化系统二次开发[J].机械设计与制造,2011(1):94-96.

[149] 吴庆鸣,宗驰,张强,等.复杂产品变型设计及其参数传递方法研究[J].中国机械工程,2008,19(24):2955-2960.

[150] 王万中.试验的设计与分析[M].北京:高等教育出版社,2004.

[151] 王志明,吕彭民,陈霓,等.横置差速轴流脱分选系统试验研究[J].农业机械学报,2016,47(12):53-61.

[152] 衣淑娟,李敏,孟臣,等.谷物脱粒分离装置试验数据采集系统[J].农业机械学报,2005,36(1):100-103.

[153] 徐立章,李耀明,张立功,等.轴流式脱粒—清选装置试验台的设计[J].农业机械学报,2007,38(12):85-88.

[154] 张彦河,衣淑娟,张丽,等.杆齿—栅格凹板单轴流脱粒分离装置性能的试验研究[J].黑龙江八一农垦大学学报.

[155] 市川友彦,杉山隆夫,高桥弘行,等.水稻の脱粒性试验装置の开発研究(第2报)[J].农业机械学志,1994,56(2):119-125.

[156] 徐立章,李耀明,李洪昌,等.纵轴流式脱粒分离—清选试验台设计[J].农业机械学报,2009,40(12):76-79,134.

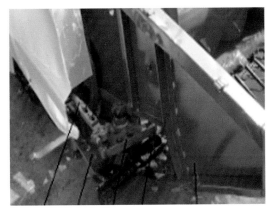

彩图3-7　双动刀往复切割器驱动机构

彩图3-10　装有二次切割装置的收割台

彩图3-14　同轴差速轴流式脱粒装置

彩图5-2　半喂入同轴差速脱粒滚筒

彩图3-16　同轴差速轴流滚筒联合收获机田间试验

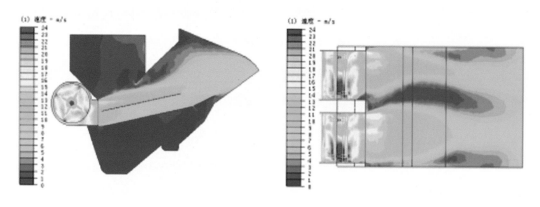

彩图3-21　纵向风速v_a筛面流场（左）和　横向风速v_b筛面流场（右）

彩图3-42　130S梳穗式割台联合收割机田间试验

彩图4-6　伸缩收割台纵轴流全喂入联合收割机田间试验

（左为收割稻麦，右为收割油菜）

彩图5-5　同轴差速脱粒半喂入联合收割机田间试验

彩图5-13　回转式栅格凹板半喂入联合收割机田间试验

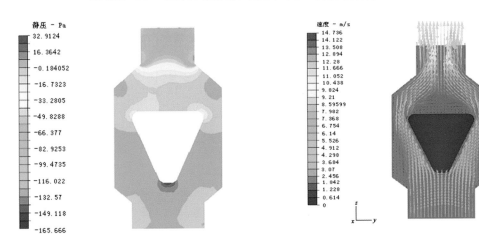

彩图6-5　*x*=0截面静压分布纵向剖面云图　　彩图6-7　*x*=0截面速度分布纵向剖面矢量图

彩图6-11　气流式清选装置微型联
合收割机田间试验

彩图7-4　两种转向方式的履带转向痕迹
A.原地转向　　B.单边制动转向

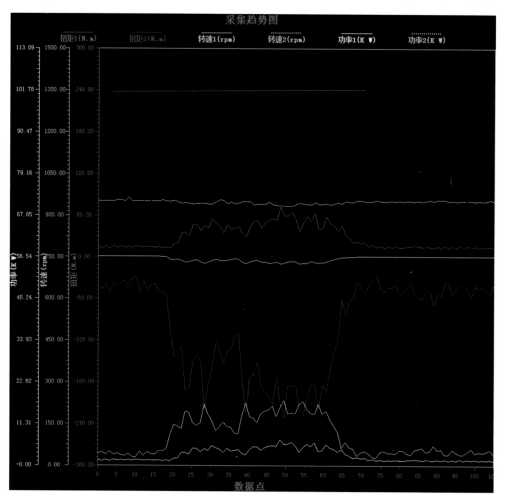

彩图 9-17　7号工况高/低速滚筒的扭矩、转速和功率实时记录

图中显示：浅红色和深红色为高速滚筒和低速滚筒扭矩，白色和绿色为高速滚筒和低速滚筒转速，
黄色和蓝色为高速滚筒和低速滚筒功率，并分别在纵坐标上同色显示数值。